初めて学ぶ
シーケンス制御

吉本久泰 著

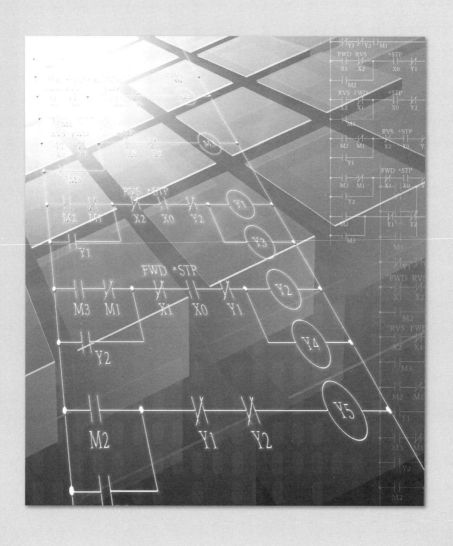

 東京電機大学出版局

はじめに

　シーケンサは"産業用コントローラ"の切り札です．複雑化する産業設備の自動化のなかで，元来からの"シーケンス制御"にとどまらず，演算制御・情報処理・ネットワーク化に対応できる，高機能・高性能なシステム構築のキーコンポーネントです．
　シーケンサは，マイクロエレクトロニクス技術の急速な発展に伴い，高機能・高性能化と同時にユーザの利用環境も改善され，どの分野の技術者にもたいへん扱いやすい制御機器となっています．また，取扱説明書などのマニュアル類も充実しており，電気や電子の専門知識がなければ扱えないような，特別な制御機器ではなくなってきました．特に，プログラムの開発環境は非常に改善され，メーカごとに異なる専用の開発ツールを必要としていた制約からも解放されて，パソコンを使って手軽に作成できるようになっています．
　反面，シーケンス制御の伝統的な考え方や手法は引き継がれており，パソコンの取り扱いやコンピュータのプログラム経験者であっても，初めてシーケンス制御を経験する人にとっては，非常になじみにくい面があります．最近の高級機種に属するシーケンサでは，コンピュータ言語のC言語のような構造化プログラミングを志向したものも現れていますが，シーケンスプログラム作成の主流には，依然としてシーケンス制御専用の言語と方法が用いられています．これら主流の言語は，リレー回路に起因する伝統的な記号などで表現されます．このためシーケンス制御を含む産業設備機器に関わる技術者にとって，従来から使われている記号や表現を使ってシーケンスプログラムを作成したり，すでに作られて稼働している既存の制御プログラムが理解できることが重要になります．
　筆者は，制御技術者養成の研修会や通信教育講座，書籍と雑誌連載などを通じて，多くの技術者の方々とかかわってきましたが，初めてシーケンス制御を学ぼうとする人にとって，共通した"つまずきやすいポイント"がいくつかあることを知りました．筆者が初めてシーケンス制御の入門書を書いた1986年頃は，電磁リレーの電気回路や制御を経験している技術者も多く，そのことがかえってコンピュータ処理による，シーケンサの動作とプログラムを理解するうえでの障害になっていました．一方コンピュータに詳しい人は，プログラム処理の細かいことが気になり，プログラムの作成がなかなか進められない状況にはまり込むことが多々ありました．シーケンス制御の講習会では，リレーの電気回路やコンピュータの知識にも乏しいほうが，かえってす

んなりと取り組めていたことが印象的でした。

　これからシーケンス制御を学ぼうとしているのは，コンピュータになれ親しんでいる一方で，ほとんどの人たちが電磁リレーの電気回路には経験がないと思われます。本書はこれらの経験とこのような状況を考え，これまでの教材や説明の例題などを見直し，シーケンス制御の現場で必要とされる即戦力を育てる，本当に必要と思われる内容を段階的に扱いました。小さな障害を乗り越えながら少しがまんをすれば，3か月程度で無理なく効率的に重要で基本的なことが習得できるように工夫してみました。また，全体を通じて特別に電気や電子の知識がなくても理解できるように心がけました。

　前半の第5章までは，シーケンサのハードウェアを中心に解説し，シーケンサの仕様を理解するとともに，シーケンサにセンサやアクチュエータなどの入出力機器を正しく接続できるようにします。

　後半からは，シーケンス制御のメインテーマであるプログラム（ソフトウェア）について，基礎から実務に沿ったプログラムの作成までを解説しました。第6～第7章では，シーケンサの基本命令と基本回路（プログラム）を取り上げ，ここでプログラム作成の基礎が習得できるようにします。第8～第10章では，具体的にいろいろなプログラムを作成しながら，プログラム作成の過程や考え方を詳しく説明するとともに，問題を解決するためのプログラムテクニックなども学びます。第11章では，加減算などの四則演算をシーケンサで行う場合の，データの取り扱いと処理方法について説明しました。第12章では，十字交差点の信号機制御をテーマに，実務においては，シーケンス制御の範囲にとどまらない広い知識や経験が必要とされることを学びます。最後のadvanceでは，物流管理で製品の流れを追跡するためのヒントと，少し高度なテクニックについて考えます。

　本書は既刊の"PCシーケンス制御"を骨格にして新しく編成しました。ねらいは，シーケンサを利用する"シーケンサ制御"をはじめて手がける各種の技術者，あるいは高等学校や専門学校生がシーケンサ制御の実務に従事しようとする際，誰もが経験するわかりにくいところを，スムーズに解きほぐしながら解決していくことです。このねらいが本書を手にしたみなさんの努力と少しの辛抱によって十分に達せられ，シーケンサにはじめて接する学生諸君や現場の技術者の実務に，少しでも役立つことを願っています。

　おわりに，本書の刊行に際し東京電機大学出版局編集課　石沢岳彦氏にご尽力いただきました。ここに記して，深く感謝の意を表します。

2014年12月

　　　　　　　　　　　　　　　　　　　　　　　　　　CASテクノロジー研究所
　　　　　　　　　　　　　　　　　　　　　　　　　　吉本久泰

目　次

第1章　シーケンサはどのような制御機器か
- 1.1　シーケンサの正体 …………………………………………… 1
  - 1.1.1　シーケンサの仲間 —— 1
  - 1.1.2　シーケンス制御が専門のコンピュータ —— 3
- 1.2　シーケンサ制御装置 …………………………………………… 3
  - 1.2.1　シーケンサ制御装置の全体構成 —— 3
  - 1.2.2　シーケンサと機械装置の接続 —— 5
- 1.3　シーケンサ制御の利点 ………………………………………… 7
  - 1.3.1　リレーシーケンス制御との違い —— 7
  - 1.3.2　制御回路はソフトウェアで作成 —— 7
- 1.4　第1章のトライアル …………………………………………… 10
- 《ミニ解説》a接点とb接点 ………………………………………… 10

第2章　シーケンサの仕様とプログラム処理
- 2.1　シーケンサの内部構成とカタログの読み方 ………………… 11
  - 2.1.1　内部構成と仕様区分 —— 11
  - 2.1.2　シーケンサ仕様書の主要項目 —— 14
  - 2.1.3　シーケンサのメモリ —— 16
  - 2.1.4　リレーシンボルと内部メモリの関係 —— 21
- 2.2　シーケンサの動作とプログラム処理 ………………………… 23
  - 2.2.1　リレー回路と論理回路の比較 —— 23
  - 2.2.2　プログラムの記述と演算処理の順序 —— 24
- 2.3　プログラミング・ツールとプログラムの作成 ……………… 25
- 2.4　第2章のトライアル …………………………………………… 29

第3章　シーケンサの入力回路と入力機器の接続法
- 3.1　シーケンサの入出力部と入出力機器 ………………………… 30
  - 3.1.1　入出力機器を正しく接続するために —— 30

3.1.2 シーケンサの制御規模と入出力点数 —— 33
3.2 シーケンサの入力回路と入力機器の接続法 …………………… 35
　3.2.1 入力回路の形式 —— 35
　3.2.2 入力機器の接続例 —— 39
3.3 第3章のトライアル ………………………………………………… 44

第4章　シーケンサの出力回路と出力機器の接続法

4.1 シーケンサの出力回路と出力機器の接続法 …………………… 46
　4.1.1 入力回路の形式 —— 46
　4.1.2 出力回路の形式 —— 48
　4.1.3 出力回路の仕様例と接続例 —— 50
4.2 第4章のトライアル ………………………………………………… 55

第5章　入出力機器の割付けと使用上の注意

5.1 入出力の割付け ……………………………………………………… 57
　5.1.1 入力の割付法 —— 59
　5.1.2 出力の割付法 —— 59
5.2 使用上の注意と対策 ………………………………………………… 60
　5.2.1 入力部の問題点と対策 —— 60
　5.2.2 出力部の問題点と対策 —— 66
　5.2.3 シーケンサシステムの電源対策 —— 70
5.3 第5章のトライアル ………………………………………………… 73

第6章　シーケンサのプログラム（基礎1）

6.1 プログラム言語 ……………………………………………………… 74
6.2 シーケンサの基本命令とプログラムの基本回路 ……………… 76
　6.2.1 シーケンサの基本命令 —— 76
　6.2.2 プログラムの基本回路 —— 81
6.3 プログラムの重要回路 ……………………………………………… 84
　6.3.1 自己保持回路 —— 84
　6.3.2 セット優先とリセット優先回路 —— 85
　6.3.3 オールタネイト回路 —— 86
6.4 第6章のトライアル ………………………………………………… 87
《ミニ解説》安全な回路 …………………………………………………… 87

第7章　シーケンサのプログラム（基礎2）

7.1　シーケンサのタイマとカウンタ ……………………………… 89
  7.1.1　タイマ —— 89
  7.1.2　カウンタ —— 97
7.2　よく使う便利な命令 …………………………………………… 101
  7.2.1　微分出力命令〔PLS, PLF〕—— 101
  7.2.2　セット/リセット命令〔SET, RST〕—— 102
  7.2.3　シフト命令［SFT/SFTP］とシフトレジスタ —— 103
7.3　第7章のトライアル …………………………………………… 105
《ミニ解説》プログラムのスキャン処理 ……………………………… 107

第8章　プログラムの設計例（1）

8.1　プログラムの設計例 …………………………………………… 110
  8.1.1　早押しクイズのランプ表示装置 —— 110
  8.1.2　ファンヒータの送風機制御 —— 115
8.2　第8章のトライアル …………………………………………… 121

第9章　プログラムの設計例（2）

9.1　プログラムの設計例 …………………………………………… 122
  9.1.1　単相誘導電動機の正転/逆転制御 —— 122
  9.1.2　シリンダの1サイクル運転 —— 128
  9.1.3　三相誘導電動機の正転/逆転制御 —— 129
  9.1.4　移動テーブルの連続往復制御 —— 132
9.2　第9章のトライアル …………………………………………… 134
《ミニ解説》単相誘導電動機とリバーシブルモータ ………………… 135

第10章　プログラム演習（1）エレベータの運転プログラム

10.1　制御仕様 ……………………………………………………… 138
10.2　プログラム設計 ……………………………………………… 138
  10.2.1　サイクル運転のプログラム —— 139
  10.2.2　サイクル運転の中断と再開 —— 140
  10.2.3　非常停止と手動復帰（原点復帰）—— 141
  10.2.4　まとめ —— 144
10.3　第10章のトライアル ………………………………………… 146

第11章 算術演算とデータ処理

- 11.1 データ形式 …………………………………………………… 147
  - 11.1.1 2進表現 —— 147
  - 11.1.2 8進表現 —— 147
  - 11.1.3 16進表現 —— 148
  - 11.1.4 BCD表現 —— 148
  - 11.1.5 符号つき2進数 —— 149
- 11.2 算術演算の関連命令 …………………………………………… 150
  - 11.2.1 データ形式変換命令 —— 150
  - 11.2.2 比較演算命令 —— 152
  - 11.2.3 データ転送命令 —— 153
- 11.3 算術演算 ……………………………………………………… 154
  - 11.3.1 BCDデータの四則演算 —— 154
  - 11.3.2 BINデータの四則演算 —— 159
- 11.4 小数を含む計算例 ……………………………………………… 162
- 11.5 第11章のトライアル …………………………………………… 164

第12章 プログラム演習(2) 十字交差点の信号機制御

- 12.1 制御対象の把握から …………………………………………… 165
- 12.2 信号機点灯制御の仕様書 ……………………………………… 165
- 12.3 プログラム設計 ………………………………………………… 168

第13章 Advance フリーフローコンベア上の物流管理と仕分け

- 13.1 フリーフローコンベア上の物流管理 ………………………… 176
- 13.2 製品情報の発見と物流監視の方法 …………………………… 177
- 13.3 仕　様 …………………………………………………………… 179
- 13.4 プログラムの設計 ……………………………………………… 180
- 13.5 物流追跡の検証 ………………………………………………… 185

トライアル解答 …………………………………………………… 189
索　引 ……………………………………………………………… 197

第1章 シーケンサはどのような制御機器か

電気洗濯機は，"洗い"から"脱水"あるいは"乾燥"までを，決められた順序に従って作業します。作業を順序どうりに進めていくための制御方法を**シーケンス制御**（sequence control）といい，このシーケンス制御を行う機器を**シーケンサ**（sequencer）と呼んでいます。

シーケンス制御の歴史は古く，約60～70年前には機械的なカムなどを用いてほぼ実用化されていますが，リレー（電磁継電器）を主として構成した電気回路による制御方法を特に**リレーシーケンス制御**と呼んでいます。これに対して，現在のシーケンサはマイクロプロセッサ（MPU）を使った"コンピュータシーケンス制御"で，プログラマブルなコントローラです。シーケンサの発展過程のなかで，リレーシーケンス制御に代わるものとして誕生しましたが，単なる代替え品ではなく，コンピュータの特徴と利点を生かし，あらゆる点で優れたシーケンス制御機器です。ここでは，制御機器としてのシーケンサのイメージを描き，これを上手に利用するための基礎的な知識を学ぶことにします。

1.1 シーケンサの正体

1.1.1 シーケンサの仲間

現在市販されているシーケンサは，頭脳としてマイクロプロセッサが使われています。初期のころは，パソコンと同じ汎用のマイクロプロセッサを利用したシーケンサもありましたが，現在はシーケンサ用に特化したマイクロプロセッサが使われています。したがって，シーケンサは身近にあるパソコンと同じコンピュータの一種であるといえます。

図1.1（a）の写真は，小規模制御向きと大規模制御向きの汎用シーケンサの一例ですが，身近にあるパソコンとは全く違った姿形をしています。シーケンサとパソコンは同じコンピュータ仲間であっても，使用目的が全く異なるからです。

シーケンサの使用目的は，産業機械や生産設備などを制御することです。機械や設備を制御するためには，シーケンサにいろいろなセンサや器具などを接続する必要があり，これらが容易に接続できる形態と構造になっています。

設置される環境もパソコンとは全く違います。たとえば，使用される温度環境を考えてみると，パソコンは必ず直接人の手で触れられるところに置かれています。いいかえれば，人が居られない

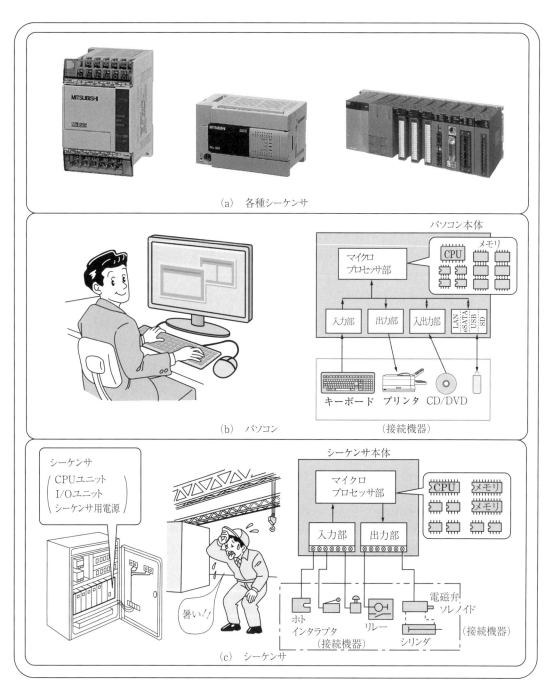

図1.1 マイクロプロセッサを用いた機器の仲間

ような極端な高温や低温のもとでは使用されないことを意味しています。普通に考えるなら，0〜35℃程度で使用できればよいということになります（実際はもう少し広い範囲で使えます）。

これに対してシーケンサは，これよりはるかに厳しい温度環境下であっても，安心して使用できなければなりません。日中は直射日光を受けて40℃を超え，夜間は氷点下まで下がる場所で使用されることも考えておく必要があります。一方，電気的な環境に目を向けてみると，一般家庭や会

社の事務所内では，大きな電力が入ったり切れたりすることはほとんどありませんが，工場では大型の機械が動いたり止まったりするために大きな電圧変動が起こり，ノイズの発生源となる装置もあります。

また，シーケンサが取り付けられる制御盤内には，200Vで大電流が流れているケーブルや，これらの電力を開閉する電磁開閉器など，強力なノイズ発生源が多数あります。したがって，シーケンサは電気的にも悪い環境下で使用されることが多く，強力なノイズの侵入を防ぎながら，強いノイズに耐えるための対策が施されています。特に，心臓部であるマイクロプロセッサが動作している電子回路は，低い電圧と微小な電流で高速動作をしており，細心の注意をして設計・製作されています。このため，常識を大きく逸脱した使い方をしない限り，すぐに事故や誤作動につながることはありませんが，悪い環境下で使用されていることを意識しておく必要があります。

1.1.2 シーケンス制御が専門のコンピュータ

シーケンサもパソコンも心臓部がマイクロプロセッサの"コンピュータ"であることがわかりましたが，何の違いでパソコンになったりシーケンサになったりするのでしょうか。図1.1で示したように，シーケンサとパソコンでは，姿形とこれらに接続される周辺の機器に大きな違いがみられます。工夫をしてセンサや電磁弁を接続したパソコンを制御盤内に設置しても，シーケンサと呼べるものにはなりません。コンピュータがシーケンサと呼ばれるものになるか，パソコンになるかを決定づけるところは，メモリ部にあります。

シーケンサのメモリ部には，シーケンサのメーカが作成した**システムプログラム**と呼ばれる部分があります。このシステムプログラムは，シーケンス制御のプログラムを作るときの支援や操作を手助けし，作ったプログラムがシーケンス動作を実行できるように働くプログラムで，ROM（読み出し専用メモリ）に記憶されています。パソコンがWindows7や8のようなOS（Operating System）とよばれる操作ソフトウェアと，インストールしたWordやExcelのソフトウェアが働くことで，容易な操作で文章の作成や表計算の処理をしていることはご存じのとおりです。

シーケンサはパソコンのように文章を作成して印刷することは苦手ですが，機械装置の"制御ならお手のもの"のコンピュータ応用製品であるといえます。いいかえれば，シーケンス制御の専門家になったコンピュータが，**シーケンサ**であるといえます。

1.2 シーケンサ制御装置

1.2.1 シーケンサ制御装置の全体構成

シーケンサによる制御装置の全体構成を図1.2に示しました。シーケンサの本体は**制御部**，**入力部**，**出力部**の3つで構成されています。シーケンサによる制御装置は，**シーケンサ本体**に，押しボタンスイッチやセンサ類などの**入力機器**，表示灯やリレーなどの**出力機器**を接続して構成されています。

シーケンサ本体部の中心になるのは"制御部"で，マイクロプロセッサ（MPU）とメモリなどで構

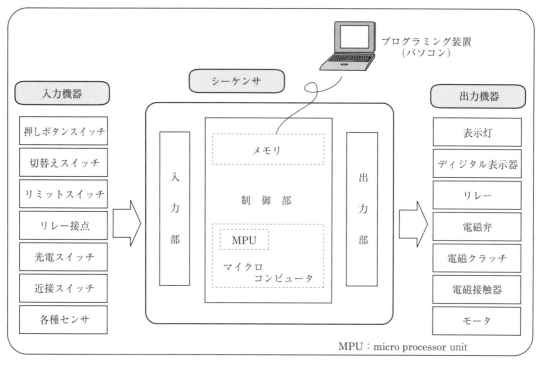

図1.2 シーケンサ制御装置の全体構成

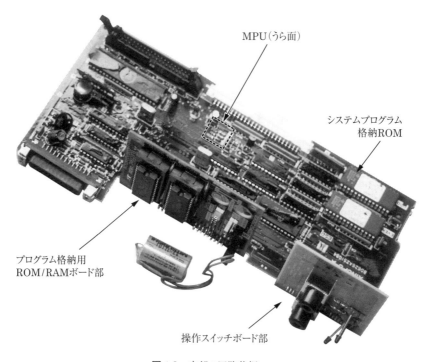

図1.3 内部の回路基板

成された"マイクロコンピュータ"です。実際にシーケンサのカバーをはずして内部をのぞいてみると，ICなどの電子部品が実装された，1枚ないしは数枚のプリント基板があるだけです。図1.3（写真）は，入力部と出力部や電源部が一体となった，小規模シーケンサに使われている回路基板の一例ですが，制御部は主にICなどの半導体で構成された電子回路です。

制御部の役割は，スイッチなどの入力機器から入力部に伝えられた信号を，メモリ（詳しくはプログラムメモリ）に格納されているシーケンスプログラムに基づいて演算処理（主に論理演算）を行い，その結果を出力部へ伝えることです。演算処理はMPUが担当します。

入力部は，ここに接続される押しボタンスイッチやセンサなどの信号（状態）を，正確に制御部に渡すための役目を担っています。出力部は，制御部が演算処理した結果をリレーや電磁弁などの出力機器へ伝達して，モータを駆動させたり空気弁などを開閉する役目を担っています。

1.2.2 シーケンサと機械装置の接続

シーケンサの入力部に接続される機器を**入力機器**と呼びますが，代表格は押しボタンスイッチなどの**スイッチ類**と近接スイッチやリミットスイッチ，光センサなどの**センサ類**です。

図1.4はシーケンサで制御された研削盤と呼ばれる機械装置の一例です。左右に移動するテーブル（盤）上に置かれた金属など（ワークと呼ぶ）を，回転する砥石を上下させて平に削ります（研削）。テーブルはモータによって左右に移動し，テーブルの移動領域はリミットスイッチで検出します。図1.4の説明では，砥石の回転や上下移動の制御は省略していますが，もちろんこの制御もシーケンサで行います。

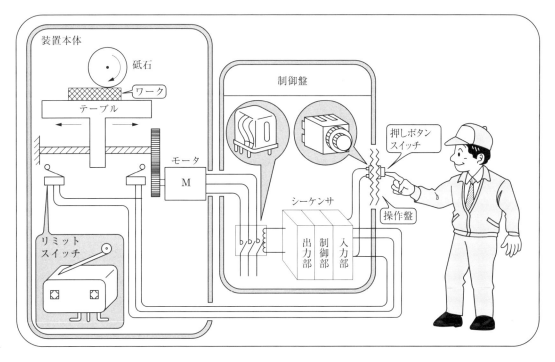

図1.4　シーケンサで制御される機械装置の例

操作盤には装置を操作するためのスイッチ類が必要です．たとえば，モータを駆動源とするこの機械装置では，これを起動させるための起動ボタン（スイッチ）が必要です．起動ボタンの状態はシーケンサに知らされ，ボタンが押されたかどうかが確認できるようになります．

一方，機械の本体側でモータが回転すると困る状態になっているときは，起動ボタンが押されても，モータには電源が供給されないようにしておく必要があります．この判断処理はシーケンサのプログラムで行いますが，そのためには機械本体の状態をシーケンサに知らせなければなりません．機械本体や装置の状況をシーケンサへ知らせるのがセンサ（検出器）の役目です．センサがついていなければ，安全を確認しないまま機械を動かすことになり，非常に危険なことです．どんなに単純な機械であっても，必要最低限のセンサはついています．図1.4で示したリミットスイッチは，テーブル移動の"稼働域"を検出して，モータの回転方向を反転させるための信号として利用しますが，機械の可動部が"限界"を超えそうになったとき，直ちに停止させるセンサも必要です．これはオーバートラベル（OT：over travel）検出用のセンサで，通常はシーケンサによる処理とは別に，モータの駆動回路を直接切断できるようにします．シーケンサが故障して制御が暴走しても，最も重要な安全を確保するためです．

センサには，長さや高さ，幅や厚さ，位置や場所，圧力やひずみ，温度や湿度，電流や電圧，色や形を識別するものなど多彩です．シーケンス制御で使用されるセンサは，物体の有無や機械の動作点や位置を検出するものが圧倒的に多く，リミットスイッチは，被検出物にセンサを直接接触させる**接触式センサ**の代表格です．また，光や電気磁気を利用した**非接触式センサ**も多く使われており，光電スイッチやフォトセンサは，非接触式センサの代表格です．

シーケンサの出力部に接続される機器を**出力機器**と呼びますが，代表格はリレー，電磁接触器，電磁弁などの電磁器具です．電磁リレー（有接点リレー）とともに，半導体を使った**無接点**のソリッドステートリレーもよく使われます．これらの器具は電気信号を中継したり，電力を増幅してより大きな動力機器が駆動できるようにします．

シーケンサの出力部は，ほとんどがトランジスタや超小型リレーから出力信号を取り出すようになっています．このため，小型の電磁弁やソレノイドを直接駆動させたり，LED（light emitting diode：発光ダイオード）などの表示灯を直接点灯させることができます．しかし，大きな電流を流すモータや大容量の電磁器具などは，シーケンサの出力部にあるトランジスタや超小型リレーで，直接駆動させることはできません．モータなどの大きな機器（負荷）を駆動する場合には，シーケンサの出力部に電磁接触器やパワーリレーなどを接続し，これらの器具を介して行います（図1.4）．

なお，大きな負荷を頻繁に開閉する場合には，寿命の観点からソリッドステートリレー（SSR：solid state relay）と呼ばれる，機械接点のない半導体を用いた**無接点リレー**が多く使用されます．

このように機械装置の機器類とシーケンサの接続は，機械本体に取り付けられたセンサや制御盤側の押しボタン類は入力部に，モータを駆動させる電磁接触器などは出力部に接続されますが，入力部と出力部を総称して，I/O（アイオー）と呼びます．

1.3 シーケンサ制御の利点

1.3.1 リレーシーケンス制御との違い

　電磁継電器(リレー)を用いたリレーシーケンス制御は，特別な場合を除いてほとんど使われていませんが，シーケンサによる制御の特徴を知るために，これらの違いを調べることにします。図1.5は，モータの運転/停止(ON/OFF)を，リレー制御とシーケンサ制御で行う場合についての説明です。

　図(a)のリレー回路による制御では，押しボタンスイッチBS1を押せば，リレーRaのコイル(操作コイルといいます)に電流が流れ，リレーはON状態になります。ON状態になったRaは，BS1から手を離しても自身の接点(端子⑤-③)によって，ONの状態が保持されます。これを**自己保持**と呼びます。このため，モータにはRaの接点(端子⑥-④)間を通って電源が供給され，停止ボタンBS2が押されるまで回転を続けます。

　図(b)は，シーケンサを使ってモータの運転/停止を行う場合の例です。この場合には大きく分けて，2つの作業が必要になります。1つは，シーケンサの入力部にBS1とBS2を，出力部にRaのコイルを接続する作業です。これは図(b)の太線で示した"電気回路の配線作業"ですから，ハードウェアの作業です。もう1つは，図示したようなプログラムを作成する，ソフトウェアの作業です。作成したプログラムはシーケンサのプログラムメモリに格納します。格納されたプログラムは，制御部にあるMPUによって実行され，BS1を押せばモータは回転を開始して，BS2が押されるまで回転を続けます。すなわち，図(a)で示したリレー制御とまったく同じ結果になります。

　ここまでの説明では，モータを運転/停止させるだけなら，図(a)のリレー制御が図(b)のシーケンサ制御よりも簡単で有利であると感じるでしょう。その通りです。これは，モータをON/OFFさせるだけの**非常に単純な制御**だからです。図1.4で示した研削装置の制御ならどうでしょう。テーブルが左端に達すると，モータの回転方向を反転させて右方向へ動かし，右端に達すると方向転換して左方向へ移動させます。この動作を停止ボタンが押されるまで"自動運転"で行う場合には，制御はもう少し複雑になります。

　シーケンサの制御はプログラムで作る**ソフトウェア制御**であり，変更や修正の必要が生じても簡単に処置できる柔軟性を持っています。これらの特徴を生かして，制御が複雑になればなるほどシーケンサ制御が有利になります。

1.3.2　制御回路はソフトウェアで作成

　図1.5の図(a)で示したリレー回路図と図(b)で示したプログラムを比べてみると，図記号が異なるだけで，描かれているものにはほとんど変わりがありません。しかしながら，動作の原理はまったく違います。図(a)のリレー回路では，BS1が押されて電流がRaのコイルに流れると，Raの2つの接点(端子⑤-③，端子⑥-④)間が導通状態(ON)になります。これに対して，図(b)で示したプログラムは電流が流れる電気や電子回路ではありません。MPUが処理する，「AND」や「OR」や「NOT」などの"論理演算"と"演算の順序"を，リレー回路ふうに描いた**論理演算回路**です。

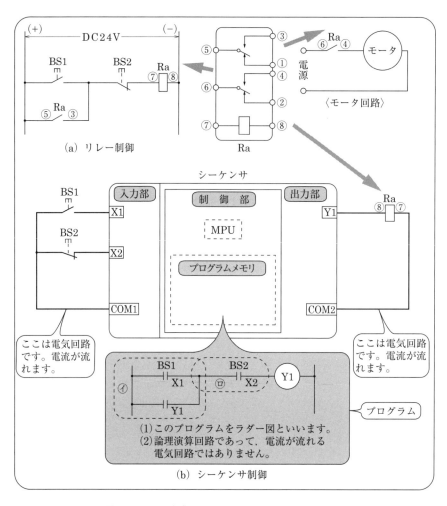

図1.5　リレー制御とシーケンサ制御によるモータの制御

点線で囲んだ㋑部分を最初に論理演算（X1とY1の「OR」演算）し，次に㋺部分を論理演算（先に処理した「OR」演算の結果とX2を「AND」演算）することを示しています。

　このように，シーケンサのプログラムは論理演算回路でありながら，リレーの接点（—| |—，—|/|—）やコイル（—○—）の図記号を使って描かれるため，シーケンサのプログラム言語で**リレーラダー図**と呼んでいます。シーケンサを使って機械や設備の制御を行う場合は，シーケンサの入力部と出力部に押しボタンスイッチやリレーなどを配線し，**制御プログラム**（シーケンスプログラム）として，図1.5(b)のようなリレーラダー図（単に**ラダー図**ということが多い）を作成すればよいことになります。

　機械や生産設備をどのように制御するかは，すべてプログラム（ラダー図）によって決まります。制御内容の変更や修正の必要が生じても，プログラムの変更によってソフト的に解決できます。一方，リレー制御で制御内容を変更する場合には，配線のつなぎ変えやリレーなどの追加が必要になり，それは大変な作業になります（図1.6）。

8　第1章　シーケンサはどのような制御機器か

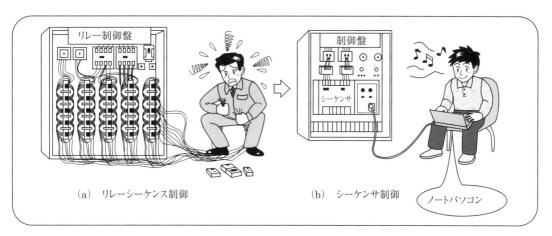

図1.6 リレーシーケンス制御とシーケンサ制御

　表1.1に，リレー制御とシーケンサによる制御の比較を整理しました。シーケンサによる制御は，制御の柔軟性がリレー回路による制御に比べて比較にならないほど大きく，それが"プログラムによる制御"によって得られていることがわかります。

表1.1　リレー制御とシーケンサ制御の比較

		リレー制御	シーケンサ制御
1	機能	大規模で複雑な制御を行うには多数のリレーが必要（タイマやカウンタも必要）	非常に複雑な制御もプログラムで解決できる（タイマやカウンタは内蔵されている）
2	設計と製造の容易さ	組立て製造，試験に手間と時間がかかり，製作時間が長くなる	プログラムの設計は容易で，配線も簡単。製作期間の短縮ができる
3	修正と変更	配線を1本1本変更する以外に方法はない	プログラムを変更すればよいので自由自在である
4	装置の大きさ	大きい	複雑で高度な制御装置でもあまり大きくならない
5	信頼性	リレー接点の接触不良と機械的寿命に制約がある	心臓部はマイクロプロセッサを中心とした半導体部品であり，接点の接触不良の心配はないが，温度やノイズなどの使用環境に注意が必要
6	保守	接点の寿命と接触不良の制約から，定期点検と部品の交換が必要	リレー制御ほどの定期点検は不要である。不良品の交換はユニット単位でできるので時間がかからない
7	装置の拡張性	リレーの追加，制御盤の改造が必要で困難である	プログラムの追加によって，シーケンサの有する能力までは経済的にできる
8	経済性	タイマやカウンタが不要なリレー10個以上の小規模な制御回路ならよい	リレー10個以上を要する制御に適す。複雑な制御ほど効果大

1.4 第1章のトライアル

(1) 次の文の空白部①～⑬に適当な語句を記入し，文章を完成させてください。
- 機械装置のシーケンス制御は汎用のパソコンでも行うことができますが，マイコンの応用製品である ① を利用するのが主流で最適です。
- シーケンサの最大の特長は，制御プログラムが ② によって行われることで，制御プログラム（内容）を変更するときには ③ の変更だけでよく， ④ の変更は不要です。これに対して，リレーシーケンス制御のプログラムは，リレーを使った ⑤ によってつくられているため，制御内容を変更するときには ⑥ の追加や ⑦ を変更をする必要があります。
- シーケンサは制御部，入力部，出力部の三つの部分で構成されますが， ⑧ 部はシーケンサの頭脳となるところで ⑨ が使われています。 ⑩ 部はシーケンサの目や耳となる部分でここには ⑪ などが接続されます。 ⑫ 部はシーケンサの手や足となる部分で，ここには ⑬ などの機器が接続されます。

(2) 図1.5をみて，次の空白部①～⑬に適する語句または図記号を記入してください。
- リレーRaには ① 接点と ② 接点がそれぞれ2つずつあり，端子⑤と ③ は ④ 接点と ⑤ 接点の共通端子でコモン(common)端子といいます。
- 端子番号⑤をコモン端子とするとき， ⑥ 接点の端子番号は ⑦ ， ⑧ 接点の端子番号は ⑨ です。
- リレーやスイッチのa接点は ⑩ ，b接点は ⑪ の図記号で表現します。
- シーケンサのリレーラダー図では，a接点を ⑫ ，b接点を ⑬ の図記号で表現します。

ミニ解説

a接点とb接点

リレーの接点には，（操作）コイルに電流を流したときに"閉じる接点"と"開く接点"があります。たとえば，図1.5(a)のリレー制御のリレーRaでは，コイルに電流を流したとき，端子番号⑤-③間の接点が閉じて"導通"状態になり，反対に端子番号⑤-①間の接点が開いて"非導通"状態になります。

これは，押しボタンスイッチについても同様で，図1.5(a)のリレー制御回路のBS1は，ボタンを押す(操作する)と接点が閉じて"導通"状態になります。反対にBS2では，ボタンを押すと接点が開いて"非導通"状態になります。

このように，リレーの(操作)コイルに電流を流したり，押しボタンを押すなどの"操作"をしたとき，閉じて導通状態になる接点を**a接点**あるいは**メーク(make)接点**と呼びます。反対に，操作コイルに電流を流したり，押しボタンを押すなどの"操作"をしたとき，閉じていた接点が開いて非導通状態になる接点を**b接点**あるいは**ブレーク(break)接点**と呼びます。図記号ではa接点を ─╱─，b接点を ─╲─ で表現します。

一方，シーケンサのプログラムもリレーのコイルと接点のシンボル記号を使った"リレーラダー図"で描きますが，a接点を ─┤├─，b接点を ─┤╱├─ で表現します。

第2章 シーケンサの仕様とプログラム処理

本章では，シーケンサのカタログや仕様書に説明されている主要内容を説明します。続いて，シーケンサがプログラムをどのように処理しているかを説明し，プログラムの作成方法とシーケンサへのプログラム格納手順についても話します。

2.1 シーケンサの内部構成とカタログの読み方

2.1.1 内部構成と仕様区分

シーケンサは図2.1で示した部分で構成されており，"シーケンサの仕様"も構成に基づいて**一般仕様**，**基本部仕様**，**入出力部仕様**の項目に分けて説明されていることが多いです。

一般仕様は，シーケンサが電気機器としてどのような環境で使用しなければならないかを説明したもので，表2.1に例を示しました。これをみると，電気的な項目と，温度・湿度・振動などの環境項目についての説明であることがわかります。現在，市販されているシーケンサは，作業者が常時いられる環境（温度や湿度など）で使用したり，工場内の一般的な電源で使用する場合には，特

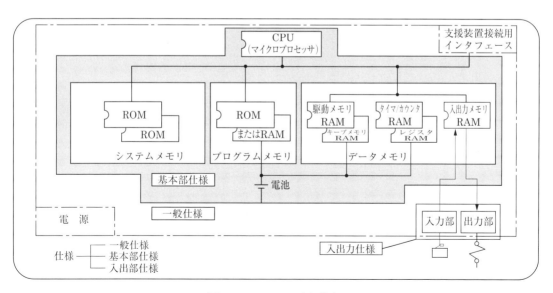

図2.1 シーケンサの内部構成

に問題になることはありません。しかし，炎天下/厳寒下におかれるキュービクル内や多湿な場所に設置したり，シーケンサに供給する電源電圧が大きく上昇/下降する悪い電源状況や，近くに大きなノイズ発生源があるような場合には，シーケンサが誤動作するおそれがないか，これらの項目をよく検討して，必要な対策や処置をしなければならない場合もあります。

それでは，表2.1の一般仕様で示した環境や条件のもとで，安心してシーケンサが利用できるように，具体的にハードウェアとしてどのようなことが実施され対策されているのでしょうか。

1つは，使用する部品の選定です。マイクロプロセッサを始めとするICやダイオードなどの半導体類，各種のコンデンサ，抵抗類，プリント配線板，超小型のトランスやコイル類が主な部品ですが，使用される部品の1つ1つが仕様で示した基準以上の性能をもっていなければなりません。たとえば，ICメモリは周囲温度が55℃になっても，万に1つの誤動作も許されません。このためすべての部品は，55℃よりさらに高い温度で使用できる"規格品"を選定して採用しています。

2つ目は設計です。高規格の部品を使用しても，それぞれの能力いっぱいの力を発揮させることはできません。IC回路の設計において，部品の配置（レイアウト）や配線の引き回し，配線の長さや線幅の選択の仕方によって，ノイズ耐力が著しく低下することがあります。外部から強力なノイズが侵入しなくても，自分自身が発生させるノイズで誤動作することもめずらしくありません。

最後は豊富な経験と蓄積したノウハウの缶詰になっていることです。これは，シーケンサに高機能を発揮させるための技術だけでなく，「いかに安価に製品を提供できるか」という技術をも含んでいます。

表2.1 一般仕様

項　　目	仕　　　　様			
使用周囲温度	0〜55℃			
保存周囲温度	−20〜+75℃			
使用周囲湿度	10〜90%RH，結露なきこと			
保存周囲湿度	10〜90%RH，結露なきこと			
耐振動	JIS C 0911に準拠	周波数	加速度	振幅	掃引回数
		10〜55 Hz	—	0.075 mm	10回
		55〜150 Hz	1G	—	(1オクターブ/1分間)
耐衝撃	JIS C 0912に準拠（10G 3方向各3回）			
ノイズ耐量	ノイズ電圧1 500 VPP，ノイズ幅1μs，ノイズ周波数25〜60 Hzのノイズシミュレータ			
耐電圧	AC外部端子一括 — アース間 AC 1 500 V 1分間 AC外部端子一括 — アース間 DC 500 V 1分間			
絶縁抵抗	AC外部端子一括 — アース間 DC 500V 絶縁抵抗計にて5 MΩ以上			
接地	第3種接地，接地不可のときは盤に接続する			
使用雰囲気	腐食性ガスがなく，じんあいがひどくないこと			
冷却方式	自冷			

次に，**基本部仕様**として扱われる部分を説明しましょう。この部分は，"CPUユニット"として説明されていることがあるように，シーケンサ内部のマイクロコンピュータそのものです。したがって，機能構成はパソコンなどとほとんど同じになっていますが，パソコンのカタログに書かれている内容とは明らかに異なっています。

表2.2に基本部仕様(CPUユニットの性能仕様)の例を示してあります。マイクロプロセッサとメモリに関係する内容が多いが，内容は『システムプログラム』，『シーケンスプログラム』，『プログラム処理の方式・速度・機能』などに関することが説明されています。

図2.1では，メモリが"システムメモリ"，"プログラムメモリ"，"データメモリ"に分けて書かれていますが，これはシーケンサ内部での利用のされ方による区別であって，それぞれに機能の異なったメモリが使用されているわけではありません。メモリの基本的機能は，状態を"記憶(書き込む)"することと，記憶されている状態を"取り出す(読み出し)"ことができることです。ところが，使用目的によっては，状態や情報(データ)の"書き込み"と"読み出し"の両方が自由にできなくてもよい場合や，いったん記憶したあとでは，記憶内容の読み出しだけができるほうが，かえってよい場合もあります。

ROM(read only memory)は，一度記憶した内容は，何回でも自由に読み出すことはできますが，

表2.2 基本部仕様(CPU性能仕様)

項　　目	仕　　様
制御方式	ストアードプログラムによるくり返し演算
プログラム言語	シーケンス制御専用言語 　(ロジックシンボリック語) 　(リレーシンボル語によるラダー図) 　(SFC：MELSAP II)
命令の種類(数)	シーケンス命令　(26) 基本命令　　　(131) 応用命令　　　(104)
処理速度(シーケンス命令)	1.0〜2.3 μs/ステップ(ダイレクト時) 1.0 μs/ステップ(リフレッシュ時)
プログラム容量	最大8Kステップ
入出力点数	256点
データメモリ　内部補助メモリ	1 000点(M0〜M999)
データメモリ　ラッチメモリ	1 048点(L1000〜L2047)
データメモリ　データレジスタ	1 024点(D0〜D1023)
データメモリ　特殊メモリ	256点(M9000〜M9255)
タイマ(T)	256点 　100 msタイマ(T0〜T199) 　10 msタイマ(T200〜T255)
カウンタ(C)	256点(C0〜C255) 　設定範囲：1〜32 767

新しく書き込んだり消したりする場合には，特別なことをしない限りできないようにしたメモリです。もちろんROMは，電源を切っても記憶されている内容が消えたり変化することはありません。これに対して**RAM**(random access memory)は，書き込みと読み出しの両方が何回でも自由にできるメモリですが，電源が切られると記憶していた内容も消えてしまいます。入出力部の仕様と使い方については，第3〜5章で取り上げます。

2.1.2 シーケンサ仕様書の主要項目

シーケンサの仕様書には，ユーザがシーケンサを選定する場合に調べなければならない内容が説明されていますが，ここでは**基本部仕様**の主要な項目について説明します。表2.2はA1S-CPUユニット(三菱電機)の性能一覧から一部を抜粋したものです。

(1) 制御方式

この項目には，"ストアード・プログラム方式"とか"サイクリック演算方式"と記入されていることが多いです。

ストアード・プログラム方式とは，すべてのプログラムをROMまたはRAMに格納しておき，これを順番にCPUへ取り込んで実行することによって，シーケンス制御の動作をするようにしたものです。この方式は，マイコンやパソコンでごく普通に採用されている方式であって，シーケンサに独自のものではありません。

サイクリック演算方式(くり返し演算方式)とは，プログラムメモリに格納されているシーケンスプログラムの命令を，先頭から順次実行していき，最後の命令を実行すると再び先頭に戻って，実行をくり返す方式です。

現在のシーケンサは，すべて"ストアード・プログラム，サイクリック演算方式"になっています。

(2) プログラム言語

シーケンサのプログラム言語として，国際規格IEC 61131-3および日本工業規格JIS B 3503では，①リスト，②ラダー，③SFC，④ST，⑤FBCの5つの言語が，ガイドラインとして定義されています。

表2.2のシーケンサでは，"シーケンス制御専用言語"として3つの言語が示されていますが，リスト方式のロジックシンボリック語は2.3節で説明するプログラミングツールの発展にともなって，現在では簡易ツールで利用される程度です。基本はリレーシンボル語によるラダー図です。

リレーのコイルと接点のシンボル記号を使うリレーラダー図(チャート)方式は，シーケンス制御で古くから使用されてきたリレー回路の展開接続図を，シーケンサのプログラミング方式に結び付けたものです。リレーのコイル記号(—◯—)と接点記号(—| |—, —|/|—)を使ってプログラムを表現するため，現場でリレーシーケンスを扱ってきた人たちにも広く受け入れられており，現在，最も一般的に利用されている方式です。プログラム(回路図)が梯子(ladder)状に描かれるので，ラダー図と呼ばれます。本書でもこの方式でプログラムを説明します。

SFC(sequential function chart)は順序制御向けの比較的新しいプログラム言語で，プログラムを"制御単位のブロック"で作成し，全体のシーケンスプログラムの実行順序や処理内容を，フロー

チャート形式で"視覚的"に表現します。運転中に制御や処理の流れが視覚的に把握できるので，大規模制御システム向きですが，制御単位のブロック部はリレーラダー図方式で記述しているのが現状です。したがって，SFC言語でプログラムを作成する場合でも，リレーラダー図方式も使われていることを知っておいてください。

ST（structure）言語は，C言語のような構造化プログラミングを指向するもので，プログラムの一部に数式演算や文字列演算が必要なときに，その部分を簡単に記述できますが，制御向けの言語の基本がリレーラダー図であることに変わりはありません。

FBD言語は，プロセス制御向けのこれから準備される状況にあるプログラム言語です。

(3) 命令の種類

シーケンスプログラムをつくるときに使う命令で，**シーケンス命令**，**基本命令**，**応用命令**などに区分されていますが，区分方法はメーカによってまちまちです。シーケンス命令と基本命令をいっしょにして，基本命令と呼んでいる場合もあります。

シーケンス命令は，シーケンスプログラムを作成するとき，なくてはならない重要な命令です。押しボタンスイッチなどの信号を入力する命令，接点や接点ブロックを接続する命令，ANDやORのような基本的な論理演算命令，演算の結果を出力する命令などがあります。

基本命令や**応用命令**は，入力信号（データ）を一括して補助メモリへ取り込み，これを別の記憶場所へ転送したり，四則演算，比較，データ形式の変換などを行う命令が含まれています。制御が高度になってくると，シーケンス命令だけでは不十分になり，基本命令や応用命令が使われるようになります。なお，命令の総数が数百を超える機種もめずらしくありませんが，実際にプログラムを作成してみると，よく使う命令は限られてきます。

(4) 処理速度

処理速度とは，1つの命令を実行処理するのに必要な時間のことで，最も処理時間の速い「AND」や「OR」のようなシーケンス命令を基準に示してある場合が多いのです。応用命令の場合には，命令の種類や演算するデータの大きさによって，処理スピードがまちまちになるためです。

シーケンサのマイクロプロセッサがシーケンスプログラムの命令を1つずつ順番に実行し，全部の命令をひととおり実行処理するのに要する時間を**スキャンタイム**といいますが，プログラムのスキャンタイムは，命令の処理速度とプログラムの長さで決まるため，プログラムが長大になればなるほど，1つの命令を処理する速度が重要になってきます。しかし現在では，マイクロプロセッサの性能が向上した結果，スキャンタイムが問題になることは大変少なくなりました。シーケンサのスキャン処理については，第7章で取り上げます。

(5) プログラム容量

ここでの記述は，どれだけの大きさ（長さ）のシーケンスプログラムが"プログラムメモリ"に格納できるかを説明しています。××ステップとか××語（ワード）と記述されていても，実際にこのメモリに格納できる"命令の数"ではありませんから，注意してください。1命令を格納するために，数ステップや数ワードのメモリを必要とする場合があるため，特に応用命令の場合には，シーケンス命令に比べてより多くのメモリが必要になります。

機械や装置を制御するために，どれだけのプログラムメモリ容量が必要であるかということを，的確に求めることはなかなか難しく，予測するためには経験が必要になります。メモリ不足の不安がある場合は余裕をもって準備しますが，実際にプログラムを完成させてみると，多くの未使用メモリが残っているものです。表2.2で示した"8Kステップ"がいかに大きな容量であるかは，実務を経験するようになれば納得できるでしょう。ただし，本来のシーケンス制御にとどまらない，大規模で高度な制御システムでは，大量のデータ処理や通信制御を行うために，大容量のメモリが必要になってきます。

(6) 入出力点数

入出力点数とは，シーケンサの入力部に押しボタンスイッチやリミットスイッチを何個まで接続することができて，出力部にはリレーや電磁弁などをいくつまで接続して作動させることができるかを説明したものです。

表2.2で示したシーケンサでは，入力の数（点数という）と出力の数が必要に応じて増設できるようになっており，入力点数と出力点数の合計が最大で256点であることを説明しています。一般的には，入出力点数は8の倍数で増設できるようになっていますが，超小型のシーケンサでは，入力点数××，出力点数××のように，それぞれの数が固定されているものもあります。

(7) タイマとカウンタ

シーケンス制御で"時間"と"数"を制御するためには，タイマとカウンタの機能は不可欠です。したがって，どんなに小規模のシーケンサであっても，タイマとカウンタは必ず準備されています。

シーケンサのタイマとカウンタの特徴は，これらの機能がソフトウェア（マイクロプロセッサの命令）でつくられていることで，使用できるタイマとカウンタの個数を合計で記述しているシーケンサもあります。これはタイマとカウンタに共用できる機能をつくっておき，必要に応じて使い分けて利用しているためです。共用の機能とは，カウンタのことです。カウンタに対して一定周期（周波数）のパルスを入力し，そのカウント数から時間を測定することができるためです。

カウンタで計測できる最高速度は，××パルス/秒というように，制限がありますから注意してください。

2.1.3 シーケンサのメモリ

シーケンサのメモリには，シーケンサのメーカ側が使用するメモリ，シーケンサ自身がプログラムを実行するときに使用するメモリ，ユーザ側のシーケンスプログラムを格納するメモリ，シーケンスプログラムで使われるメモリなど，いろいろな用途にメモリが使われています。ここでは，シーケンスプログラムで使われるメモリを中心に，シーケンサのメモリについて説明します。

(1) システムメモリ

システムメモリは，マイクロコンピュータを"シーケンス制御の専門家"に仕立てるプログラムを記憶する，大変重要なメモリです。システムプログラムは，マイクロコンピュータがシーケンサとして動作するように，"シーケンサのメーカが作成して完成させたプログラム"ですから，私たちユーザ側で内容を変更する必要はありませんし，変更できないようにしておくことによって，

誤った操作をしてもまちがいを起こしにくくすることができます。このため，システムプログラムを格納するためにROMが使われています。

(2) プログラムメモリ

プログラムメモリは，私たちシーケンサのユーザ自身が作成したプログラム，すなわち"シーケンスプログラム"を格納（記憶）するためのメモリです。シーケンスプログラムは，設計しても一度で完成させることはほとんど不可能で，通常は何回も修正や変更を行って完成します。したがって，完成するまでは書き込み（内容の変更）が簡単にできて，テスト（デバッグという）のためにすぐに読み出しができるメモリが都合がよいことになります。このようなメモリは"RAM"ということになりますが，シーケンスプログラムが完成すれば，電源を切っても記憶が消えず，特別なことをしない限り記憶の変更ができない"ROM"のほうが好都合なことは明らかです。このため，プログラムメモリ用にはRAMとROMを用意し，プログラムが完成するまではRAMを使用し，完成したらROMへ格納するようにします。最近はROMとして，電気的に書き込み（記憶）と消去の両方ができるEEPROM（electrically erasable programmable ROM）が使用されることが多くなっています。書き込み/読み出しが簡単にできるため，ROMを使用していることを意識しなくなります。また，完成したシーケンスプログラムをROMに格納しないで，RAMに格納したまま使用することもあります。"消えたり記憶内容が変われば大変なことになる"シーケンスプログラムですが，RAMの信頼性向上と記憶を保持するための必要電力が改善され，安心して格納しておくことができるようになったためです。この場合には，シーケンサの電源をOFFにしても，RAMに記憶されているプログラムが消えないようにするため，バックアップ用電源としてリチウム電池などが使用されています。

(3) データメモリ

データメモリは，シーケンスプログラムを実行するとき，状況やデータなどを一時的に記憶するのに使われるRAMを指しています。

内部補助メモリは一時記憶メモリと呼ばれることがあるように，シーケンスの実行結果を一時記憶するためのメモリで，このうちシーケンサの電源を切っても電池によって記憶が保持できるものを，**キープメモリ**とか**ラッチメモリ**と呼んでいます。時間の経過や計数を記憶するのに使われるのが，タイマやカウンタ用のRAMです。このほか，シーケンサで処理する入力情報を一時記憶するのに使われるRAMや，処理した結果を出力するときに使用されるRAMがあります。これらは**入/出力メモリ**と呼ばれます。

(4) 特殊メモリ

特殊メモリは，シーケンサの状態やデータの演算処理命令を実行したときの結果などを記憶します。シーケンサのユーザは自由に読み出して利用できますが，書き込むことができないデータメモリの1つです。特殊メモリに記憶される内容は，シーケンサの異常とデータ演算の処理結果に関するものなどです。シーケンサの異常は，メモリの異常，CPUの異常，バックアップ用電池の異常（寿命），電源異常などが主なものです。これらのメモリの状態を調べることによって，シーケンサに異常が発生したことを検知し，必要な処置や対策がとれるように準備されているメモリです。

たとえば，表2.2で示した仕様のシーケンサでは，"M9006"の番号がつけられた特殊メモリは，停電時にRAMの記憶保持を行うバッテリの電圧低下を警告します。したがって，M9006の信号を外部へ出力するようにプログラムをつくっておけば，M9006がON状態になったときに"電池電圧低下"の警告を表示灯やブザー音で知ることができます。異常の内容によって，シーケンサが自動的に停止状態になるもの（大半の異常）と，異常を検出してもそのまま運転を続行するもの（電池電圧の低下など）がありますが，細かい内容はシーケンサによって異なるため，よく調べて利用する必要があります。

データ演算処理の結果に関するものは，桁上げ発生やゼロフラグ発生の有無などです。これらもプログラム作成時に必要に応じて利用します。

(5) 入出力メモリと補助メモリ

図2.2は，シーケンサ内部のメモリ構成について説明したものですが，システムメモリは省略してあります。プログラムメモリは，すでに説明したように，設計したシーケンスプログラムを格納するメモリです。データメモリは，補助メモリで代表されますが，先に説明した特殊メモリなどもこれに含まれます。

ここでは「入力メモリ」と「出力メモリ」および「補助メモリ」を取り上げます。入力メモリと出力メモリの特徴は，図2.2で示したように入力メモリは入力回路へ，出力メモリは出力回路へそれぞれ直結されていることです。

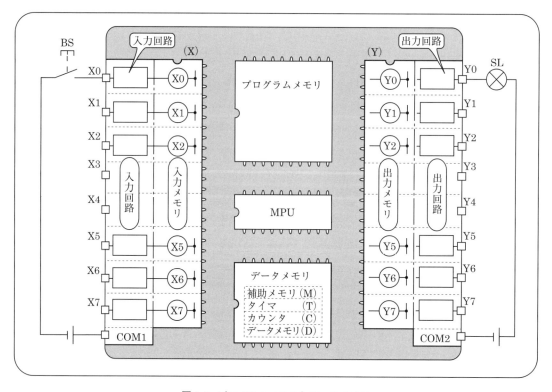

図2.2　プログラムメモリとデータメモリ

これに対して，補助メモリやタイマ，カウンタ，データレジスタ（メモリ）などは，シーケンサ外部の入力機器や出力機器（図2.2の例では押しボタンスイッチ"BS"とシグナルランプ"SL"）とは直接つながっていません。したがって，補助メモリの状態を外部に出力して出力機器を作動させる場合には，補助メモリと出力メモリ間を"プログラムによって接続"する必要があります。また，入力機器の状態（入力信号）を補助メモリへ送って記憶するためには，入力メモリと補助メモリ間を"プログラムで接続"する必要があります。

　プログラムの例を図2.3のⒶとⒷで示しました。Ⓐは押しボタンスイッチBS1を押してランプSL1を点灯させ，ⒷはBS2を押してSL2を点灯させるプログラムです。リレーラダー図によるプログラムでは，"入力"をリレーの接点シンボル（─| |─，─|/|─）で表現し，"出力"をコイルのシンボル（─◯─）で表現します。

　Ⓐでは，BS1は入力メモリのX0と直結しているので，X0の"接点"をSL1と直結している出力メモリY0の"コイル"へ接続してやれば，BS1の信号（入力信号X0）は出力メモリのY0へ伝達されます。すなわち，BS1を押してX0のa接点が閉じると，出力メモリY0がON状態になり，出力回路が作動（ON）してSL1が点灯します。

　Ⓑの②では，出力メモリY6の"コイル"は，補助メモリM8の"接点"とつながっています。したがって，BS2を押して入力メモリのX4がON状態になっても，②の回路（プログラム）だけでは，入力信号X4は出力メモリのY6へ伝わりません。入力信号X4を補助メモリのM8へ中継する回路（プログラム）が必要になります。この回路がⒷの①です。

　Ⓑのプログラム例では，①の回路によってBS2の信号は入力メモリX4→補助メモリM8に伝達され，②の回路によって補助メモリM8→出力メモリY6に伝達される結果，BS2を押せばSL2が点灯します。

　このように，入力回路や出力回路と直結されていない補助メモリなどは，プログラムで接続する

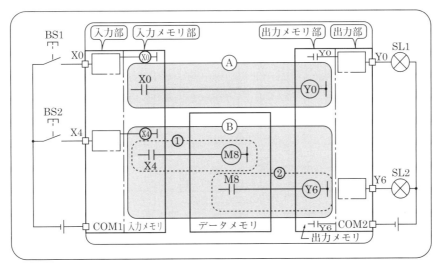

図2.3

ことによって初めて，入力信号でON/OFFしたり，メモリの状態（ON/OFF）を出力回路側へ伝えることができます。

図2.4は，入力メモリ，出力メモリ，補助メモリなどのデータメモリがプログラムでどのように扱われるかを整理したものです。①は，入力メモリの状態を出力メモリへ伝達（以下，出力といいます）する例，②は，入力メモリの状態をデータメモリへ出力する例，③は，データメモリの状態を出力メモリへ出力する例です。これらについては，図2.3で説明したものです。

④は，出力メモリの状態をデータメモリへ出力する例です。このほか，データメモリの状態をデータメモリへ出力すること，出力メモリの状態を出力メモリへ出力することもできます。たとえば，補助メモリのM10などの状態を補助メモリのM50などへ出力したり，出力Y0などの状態を出力Y8などへ出力することも自由にできます。ただ1つ，入力メモリの状態を入力メモリへ出力することだけはできませんから，注意してください。

なお，入力メモリと出力メモリは，入力回路や出力回路と直結されていることを特に意識することなく，データメモリと同じように使用できます。すなわち，入力メモリと出力メモリの接点は，必要であれば何回でも使用できます。また，出力メモリは，演算処理の結果を一時記憶する補助メモリとまったく同じように使用できます。しかし，出力メモリを単なる補助メモリとして一時記憶のために使用すると，その分だけ外部の出力機器を駆動できる数が減少します。このため，出力メモリは，実際に出力機器を作動させなければならない場合にだけ利用すべきです。

なお，入力メモリや出力メモリ，補助メモリなどにつけられている記号は，X，Y，Mなどが一般的ですが，シーケンサメーカや機種によっても異なります。たとえば，0～255が入力メモリ，

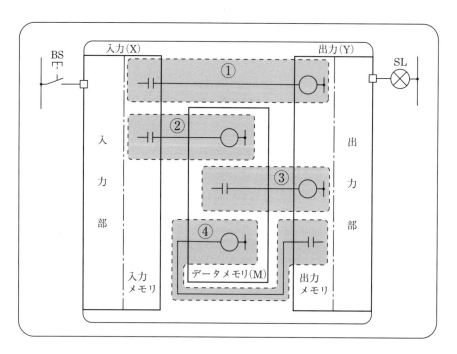

図2.4

300〜400が出力メモリ，500〜800が補助メモリ…というように，番号だけで区別している場合もあります。

本書では，特にことわらない限り，"X"は入力あるいは入力メモリ，"Y"は出力あるいは出力メモリ，"M"は一時記憶（補助）メモリを指します。

2.1.4 リレーシンボルと内部メモリの関係

図2.5は，リレー回路のリレーとシーケンサの補助メモリを対比したものです。(a)のリレー回路図で使われている"コイルの図記号（─□─）"が(b)のプログラムでは"図記号（─○─）"に，(a)のリレー回路図で使われている"接点の図記号（─／─）"が(b)のプログラムでは"図記号（─┤├─）"になっています。このためシーケンサのプログラムで使われている"図記号（─○─）"と"図記号（─┤├─，─┤╱├─）"は，実際はリレーのコイルや接点ではないにもかかわらず，これらを"コイル"および"接点"と呼んだりします。そのため，シーケンサのプログラムでありながらリレー回路と錯覚されることがあります。そこで，もう少し説明をしておきます。

シーケンサのプログラムを説明していて，リレー回路を経験した人からよく質問されるのは，「接点は何度も使ってよいのですか？」という質問です。(a)のようなリレー回路では，そのリレーがもっている接点の数だけしか接点を使用することはできません。

たとえば，(a)のリレー回路で使われているリレーR4では，a接点とb接点が使用できるのは，最大でそれぞれ2回が限度です（R4の内部結線図参照）。もし，これ以上の接点数が必要な場合には，R4と同じリレーをR4のコイルに並列に接続して，2個のR4を同時に動作させる方法で接点を増設します。

これに対して，シーケンサのプログラムで一時記憶として使われる補助メモリ（RAM）は，リレーシーケンス回路において，"a接点とb接点を無限にもったリレー"（実際にはこのようなリレーは存在しません）と同等に扱うことができます。したがって，シーケンサのプログラムではa接点とb接点を必要な回数だけ，何回でも無制限に使用することができます。この理由は，シーケンサではシーケンス回路（プログラム）を表現するのに，リレーの接点とコイルのシンボル（記号）を使っていますが，シーケンサが論理演算処理をする部分には本当のリレーは使われておらず，実際にあるのは図2.5(b)で示したように，"メモリ（RAM）"だからです。

メモリには，そのありか（所在）を示す特定の番号（これをアドレス番号という）が1つ1つつけられています。その番号を指示さえすれば，その内容を読み出したり書き換えることが自由にできます。1つの内部補助メモリを1個のリレーに対応させたとき，その番号のメモリの内容（状態）が"1"の状態ならば，リレーが作動状態で"a接点が閉"，"b接点が開"の状態であるというように考えます。図2.5では，リレーR4をアドレス4番の補助メモリに対応させて，"M4"と名づけてあります。

シーケンサでは，メモリの内容を読み出して，それをマイクロプロセッサで論理演算することによって，あたかもリレー制御のようにしています。たとえば，図2.5(b)のプログラムにおいて，シーケンサのマイクロプロセッサがM3，M6，M100と名づけられている補助メモリの状態を順番に読

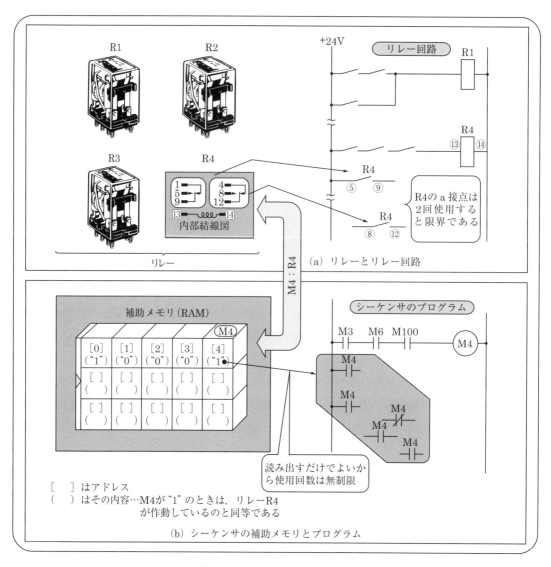

図 2.5　リレー回路のリレーとシーケンサの補助メモリの対比

み出し，M3とM6とM100の状態がともに"1"の状態であれば，M4が"1"の状態になって記憶（書き込みが行われる）されます。M3とM6とM100のうち，1つでも"0"状態であったときには，M4は"0"状態になって記憶されます。一方，"0"または"1"の状態が書き込まれたM4は，プログラムをつくるために必要ならば，何回でも読み出して使えます。リレー接点のように，使用できる回数に制限はありません。その結果，シーケンサのプログラムでは，M4はあたかも無限の接点数をもったリレーとして，その**接点シンボル**を制限なく回路図（プログラム）上に書き表して使用することができるのです。ただし，**コイルシンボル**が使用できるのは一度だけですから注意して下さい。

2.2 シーケンサの動作とプログラム処理

シーケンサを使ったシーケンス制御であっても，リレー回路によるリレーシーケンス制御であっても，当然，制御の結果が同じにならなければ困ります。マイクロコンピュータの演算処理によって，なぜリレー回路と同じような結果が得られるのか，調べてみることにしましょう。

2.2.1 リレー回路と論理回路の比較

シーケンサの動作は，マイクロコンピュータで"論理式"を演算処理することですから，リレー回路の動作を論理式で表現するとどうなるかを説明します。図2.6は，リレー回路と論理回路の違いを説明したものです。

①のリレー回路で，リレーRが動作する条件を調べてみると，次の［条件1］〜［条件4］のようになります。

［条件1］接点AとBがともにON(閉)状態のとき：これは論理式でY＝A・Bのように表します。
［条件2］接点CとDがともにON(閉)状態のとき：これは論理式でY＝C・Dと表します。
［条件3］接点AとEとDがともにON(閉)状態のとき：これは論理式でY＝A・E・Dと表します。

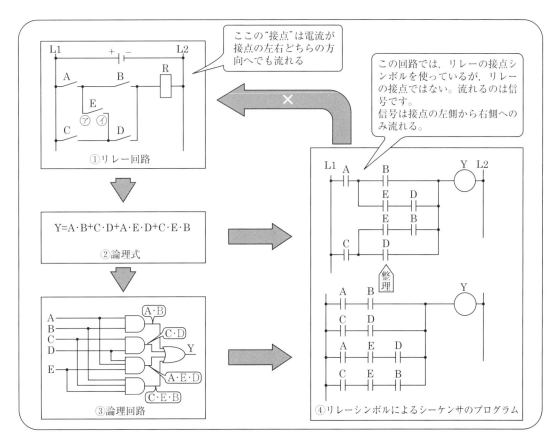

図2.6　リレー回路と論理回路の比較

［条件4］接点CとEとBがともにON（閉）状態のとき：これは論理式でY＝C・E・Bと表します。
以上をまとめて論理式で表すと，②のように

$$Y = A \cdot B + C \cdot D + A \cdot E \cdot D + C \cdot E \cdot B$$

と表されます。なお，"・"はAND（**論理積**）を表す論理記号，"＋"はOR（**論理和**）を表す論理記号です。③は，この論理式を「AND」と「OR」の論理素子を用いてつくった論理回路です。ディジタルICを使ったロジック回路の設計では，このような回路図が描かれます。④の回路は，②の論理式あるいは③の論理回路をもとに作成した"シーケンサのプログラム"で，リレーの接点記号とコイル記号を使って描かれるため，**リレーラダー図**とも呼ばれます。

①のリレー回路の接点A，B，C，D，Eと，②〜④の論理式や論理回路のA，B，C，D，Eに同じ条件（接点の開と閉，この状態に対応させた論理の"0"と"1"）を与えたとき，これらの論理回路や論理式からはまったく同じ結果が得られます。ところが，これらの回路を比較してみると，①と④の回路には大きな違いがあります。回路に違いがあるにもかかわらず，同じ動作結果が得られるのは，①のリレー回路と④の論理回路（シーケンサのプログラム）とでは，動作の原理構造が異なっているためです。

リレー回路は，操作コイルに流れる電流が，「どんな経路を通って流れるか」ということで動作が成立しています。これに対して，②の論理式や③の論理回路では，回路に流れるのは電流ではなく「信号（状態）の流れ」です。論理回路の信号は，「AND」や「OR」の論理素子を，"入力側（③の回路素子の左側）から出力側（③の回路素子の右側）"に向かってだけ通過することができます。①のリレー回路の接点を流れる電流は，「電流は電圧の高いほうから低いほうに向かって流れる」という，誰でも知っている原理原則に基づいて流れます。したがって接点Eでは，㋐が㋑よりも電圧が高くなる状態（［条件3］）では㋐→㋑へ，反対の場合（［条件4］）では㋑→㋐に向かって流れます。このようにリレー回路では，電流は条件によって接点を左から右，右から左へ流れながら"電流の通路"をつくり，操作コイルに電流を流してリレーを作動させます。

これに対して，④の回路は"論理回路"であって，リレー回路のように"電流"が流れる回路ではありません。シーケンサのマイクロコンピュータによって論理演算されるプログラムは，「AND」や「OR」などの論理素子を使った論理回路と同じです。したがって，④の回路で描かれている全部の接点には，「信号が左（入力側）から右（出力側）にしか伝わらないという条件」がついていることになります。

2.2.2　プログラムの記述と演算処理の順序

シーケンサのプログラムは，リレー回路の展開接続図の考えを取り入れた，"リレーシンボリック語"によって記述するのが，最も一般的です。この記述法は**リレーラダー図方式**とも呼ばれるように，リレーシーケンス回路に近い表現でプログラミングされますが，2.2.1項で説明したように，シーケンサの動作はリレー回路の動作とはまったく異なります。シーケンサでは，マイクロプロセッサによる"論理演算"で制御が行われます。図2.7に論理演算の処理順序を示しました。

演算は，入力側母線で始まり出力側母線で終る，"回路ブロック"単位で処理されます。回路ブロッ

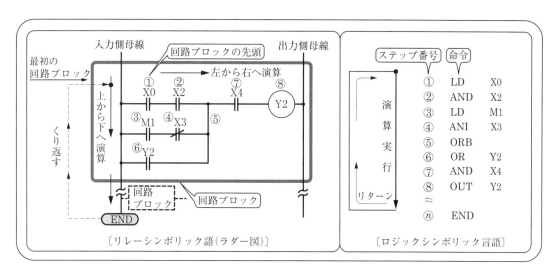

図2.7 プログラム記述と論理演算の処理順序

クでの演算処理は，左側の入力母線から右へ，上から下へ順番に行われます。したがって，プログラムの回路ブロックを実行させたときに同じ結果が得られても，回路ブロックの描き方によって，命令の実行される順番や全体の実行時間に多少の差が生じます。

図2.7の回路では，①から⑧までを順番に論理演算されます。これを"ロジックシンボリック語"で記述すれば，ステップ番号①の「LD X0」から，⑧の「OUT Y2」のようになります。これからわかるように，リレーラダー図表現で描いたプログラム(制御回路)を，シーケンサが演算処理をするときの順序に従って，「LD」，「AND」，「OR」などの"論理演算命令"で記述したのが，ロジックシンボリック語によるプログラム記述です。どの言語でプログラミングするかは，プログラミング・ツールの機能と深い関係があります。

2.3 プログラミング・ツールとプログラムの作成

シーケンサのプログラムは，リレーラダー図方式で設計しますが，このプログラムは，プログラミング装置(プログラミング・ツールあるいはプログラマと呼ぶこともあります)を使って作成され，作成したプログラムはプログラムメモリへ転送して格納(書き込み)したり，反対にプログラミング・ツール側へ読み出すこともできます。

プログラミング・ツールは，現在のようにパソコンが一般化するまでは，シーケンサのメーカが提供する"専用機"で，"装置"と呼ぶのにふさわしい大型で重く，持ち運ぶのにも不便なものでした。さらに高価なために，限られた台数を融通し合って使用することが多く，ノートパソコンを利用して"使いたいときにはいつでも使える"今の状態は，納期に追われる現場の担当者の"プレッシャーの減少"にもなっています。

パソコンをシーケンサのプログラミング・ツールとして利用する場合には，シーケンサのメーカ

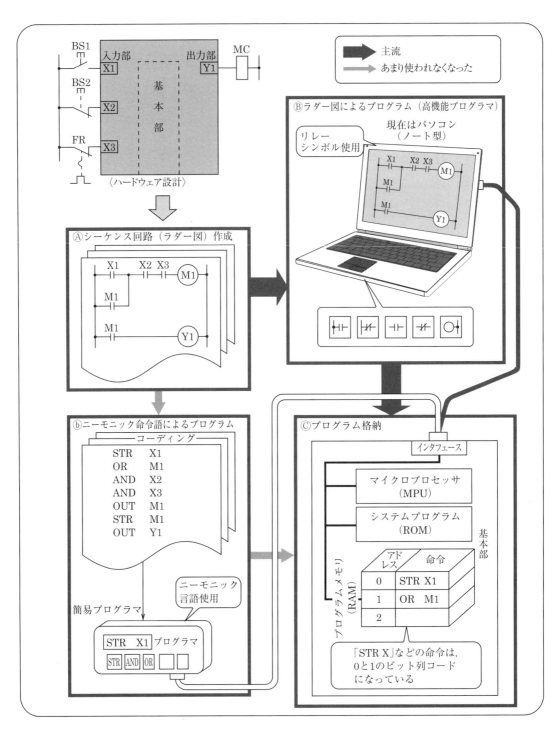

図2.8 プログラミング・ツールとプログラムの作成

から"プログラム開発用のソフトウェア"を購入（CDの形で提供される）して，インストールします。インストールしたプログラムは，Windows®などの操作性を生かして，プログラム作成などを効率よく行えます。プログラム作成機能だけでなく，変更・修正はもちろん，作成したプログラムをシー

ケンサへ書き込む(WRITE)機能，逆にシーケンサ内のプログラムをパソコンへ読み込む(READ)機能，プログラムのシミュレーションやシーケンサを動作させた状態でのモニタ機能などを備えた，"プログラミング・ツール"になります。

図2.8は，設計したラダープログラムをシーケンサのプログラムメモリに格納するまでの手順を説明したものです。手順には，二つの方法があります。

現在の主流で最も一般的な手順は，Ⓐ→Ⓑ→Ⓒです。すなわち，ラダー図の設計が終われば，パソコンのキーボードあるいはマウスを使い，設計図どおりのラダー図をディスプレイ上に描きます。描き終われば，"変換キー"を押してシーケンサで動作するMPUの機械語に変換し，そのあとで"書き込み(転送)"キーを押せば，プログラムはシーケンサのプログラムメモリへ格納されます。プログラムが格納されると，シーケンサはいつでも作動させられる状態になります。なお，パソコンのキーボードには，ラダー図で使われているような"─┤├─"や"─○─"のような図記号と"変換"，"転送"などのキーはありませんが，これらに対応する図記号がパソコンのツールバーに表示され，あるいはファンクションキーの番号で指示されます。マウスやキーボードを使って，プログラミングなどの操作を行います。

ノートパソコンを利用したプログラミング・ツールは，小型・軽量であるため，現場への持ち込みも手軽です。なお，Ⓑのようなプログラミング・ツールであっても，どんなラダー回路図でも自由に描くことが許されているわけではなく，プログラミング・ツールによっても多少の違いはありますが，基本的には図2.9の①のような回路は②のように描く必要があります。

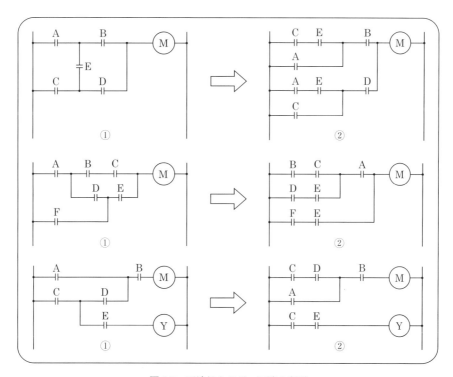

図2.9 不適切なラダー回路の訂正

図2.8のⓑで使うプログラミング・ツール(簡易プログラマ,ハンディプログラミングパネルなどと呼ばれることもあります)は,リレーラダー図でのプログラム作成はできず,図2.10で示した「LD」,「AND」,「OR」,「OUT」などの"ニーモニック記号による命令"を使ってプログラムを作成します(ロジックシンボリック言語を使ったリスト形式のプログラミング)。機能はⒷのようなプログラミング・ツールに及びませんが,手のひらサイズのものもあり,現場での簡単な変更や修正をする場合には便利で,簡易なモニタ機能もついています。

　簡易プログラマを利用してプログラムを作成する場合には,図2.8のⒶで示すように,紙面にリレーラダー図を描くことが絶対に必要です。リレーラダー図を作成しないで,いきなりリスト形式でプログラミングするのは難しい(できない)からです。これに対して,パソコンを利用したⓑのプログラミング・ツールでは,パソコンの画面上に直接ラダー図を描いて設計することが可能です。

番号	論理		シンボル	ニーモニック(命令)			
				三菱	オムロン	シャープ	日立
1	論理演算開始	論理演算をa接点より開始する (LoaD)		LD	LD	STR	ORG
2		論理演算をb接点より開始する (LoaD Inverse)		LDI	LD NOT	STR NOT	ORG NOT
3	論理積	論理積 a接点の直列接続 (AND)	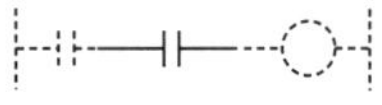	AND	AND	AND	AND
4		論理積否定 b接点の直列接続 (AND Inverse)		ANI	AND NOT	AND NOT	AND NOT
5	論理和	論理和 a接点の並列接続 (OR)	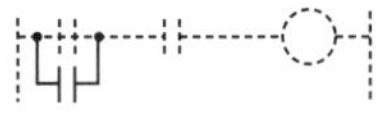	OR	OR	OR	OR
6		論理和 b接点の並列接続 (OR Inverse)	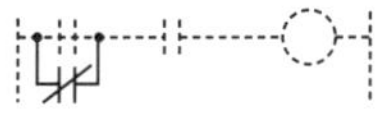	ORI	OR NOT	OR NOT	OR NOT
7	論理ブロック結合	論理ブロックのAND 論理ブロックAとBを直列接続する (AND Block)	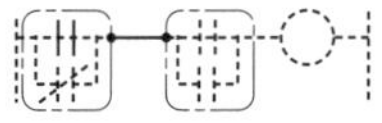	ANB	AND LD	AND STR	AND STR
8		論理ブロックのOR 論理ブロックAとBを並列接続する (OR Block)	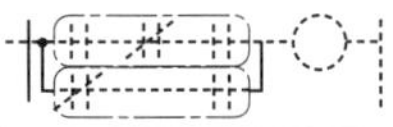	ORB	OR LD	OR STR	OR STR
9	出力	論理演算の結果を出力(出力部へまたは内部メモリへ一時記憶,タイマ作動カウンタのカウントを行う)(OUT)		OUT	OUT	OUT	OUT
10		何の演算も行わない 論理の一部を無処理(スペース)にするときに使用 (No OParation)		NOP			
11		プログラムの最後を示す(演算の中止・終了ではない) プログラムの最後に必ず使用する (END)	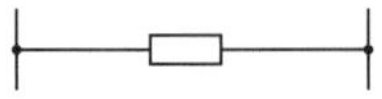	END	END		END

図2.10　ロジックシンボリック言語の命令記号

しかし，シーケンスプログラムを設計するときの基本は，フリーハンドでもよいですから，一度は"Ⓐのようにリレーラダー図を作成すること"です。ラダー図はプリンタを使って印刷し，プログラムの資料として保存します。

2.4 第2章のトライアル

(1) 次の文の空白部①〜⑮に適当な語句を記入し，文章を完成させてください。
- シーケンサの内部にはいろいろなメモリが使われていますが，　①　がつくったシステムプログラムは，必ずROMに格納されています。
- 私たちユーザがつくったシーケンスプログラムは　②　メモリに格納しますが，最近は電気的に消去や書き込みができる　③　を使うことが多い。
- シーケンスプログラムは，入力メモリや出力メモリのほか，　④　などのデータメモリを利用します。一般に，入力や入力メモリには記号　⑤　，出力や出力メモリには記号　⑥　，一時記憶（補助）メモリには記号　⑦　を使うことが多い。
- 　⑧　メモリは，シーケンサの状態や演算の処理結果を記憶しますが，シーケンサユーザがプログラムで書き込みを行うことはできない。
- シーケンサのプログラムもリレーシーケンス回路もともに　⑨　回路ですが，動作の原理は異なります。
- シーケンサのシーケンスプログラムは，ロジックシンボリック語などいろいろな言語方式で作成できますが，　⑩　方式が最も広く普及して利用されており，リレーのシンボル記号　⑪　，　⑫　，　⑬　を使ってプログラム（回路図）を描きます。
- 設計した（紙に書いた）プログラムは，　⑭　を使ってシーケンサのプログラムメモリへ格納しますが，これをパソコン（ノートパソコンなど）で行う場合には，　⑮　からプログラム作成（開発）用のソフトウェアを購入します。ソフトウェアは，フロッピーディスクやCDで提供されるので，これをパソコンのハードディスクに格納（store）して利用します。

(2) 図2.3のようにシーケンサの入力部に押しボタンスイッチBS1とBS2，出力部に表示灯SL1とSL2が接続されているとき，次のプログラムをリレーラダー図でつくってください。
① BS1を押せばSL1が点灯するプログラム（回路）
② BS2を押せばLS1とLS2が点灯するプログラム（回路）
③ BS1を押すと一時記憶メモリのM0がON状態になるプログラム（回路）
④ 一時記憶メモリのM1がON状態のとき，SL1が点灯するプログラム（回路）
⑤ 一時記憶メモリのM1がON状態のとき，またはBS1を押したときにSL2が点灯するプログラム（回路）

第3章 シーケンサの入力回路と入力機器の接続法

3.1 シーケンサの入出力部と入出力機器

　シーケンサの入力部に接続される代表的な入力機器は，センサやスイッチ類です。また，出力部に接続される代表的な出力機器には，リレーや電磁接触器，電磁弁ソレノイドなどがあります。しかし，入力機器となるセンサだけを取り上げても，その種類はたくさんあります。このため，入力部の回路と出力部の回路は，ユーザ側で接続する入出力機器に合わせて選定できるように，何種類もの回路が準備されています。

　また，センサやリレーなどの入出力機器側でも，シーケンサの入出力回路へそのまま接続できるように，規格化されたり標準化されています。このため，よほど特殊な入力機器や出力機器でない限り，シーケンサメーカから提供される入力回路にセンサなどを接続すれば，そのまま使用できるようになっています。しかし，シーケンサメーカから提供されている何種類もの入力回路や出力回路から最適なものを選定し，それを信頼性高く利用するには，基本的なことがらをいくつか理解しておく必要があります。

3.1.1 入出力機器を正しく接続するために

　電気は苦手（そう思いこんでいることが多い）であっても，"電流は電圧の高いほうから低いほうに向かって流れる"…ことは誰でも知っているはずです。

　図3.1は，電池（直流電源）に抵抗やダイオード，トランジスタを接続したとき，どのような場合に回路や素子に電流が流れるかを，少し大胆に説明したものです。細かいことをすべて省略した大ざっぱな説明ですが，これを理解して覚えておくだけで，シーケンサの入出力（I/O）回路やセンサを壊したり，シーケンサに検出器からの信号が伝わらなかったり，リレーや電磁弁がまったく動作しないというような，"初歩的なトラブル"はなくなると考えています。

　図3.1を少し説明しておきましょう。

　①は，オームの法則で〈電圧〉・〈電流〉・〈抵抗〉の関係を説明したものです。図中の点線内に示した回路例の ⓐ では，電圧 v_1 と v_2 が等しく，抵抗の両端で電圧差が生じません。このため，回路（抵抗）には電流が流れません。

　ⓑ では，電圧 v_2 が v_1 より高く，抵抗の両端で14Vの電圧差が生じています。このため回路と抵

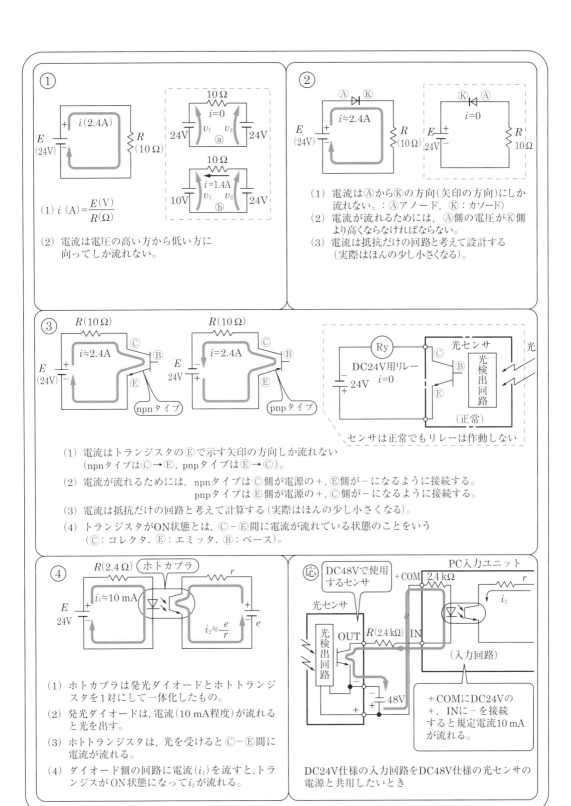

図3.1 入出力機器を正しく接続するために

抗には，1.4 Aの電流が矢印の方向に流れます。電流の流れる方向と大きさが理解できれば②へ進みましょう。

②では，ダイオードが一方向へだけ電流を流すことを説明したものです。すなわち，ダイオードのアノード(Ⓐ)側を直流電源の＋側，カソード(Ⓚ)側を直流電源の－側に接続したときに限り，電流はⒶ→Ⓚ側(矢印の方向)に流れます。流れる電流の大きさを計算するときは，Ⓐ端子とⓀ端子が接続されていると考えて，①で示した回路の電流と同様に求めることができます。電源電圧が24 Vで抵抗が10 Ωなら，2.4 A程度流れると考えておけば結構です。もし，ダイオードに10 mA程度流したければ，Rを2.4 kΩくらいにします。図中の点線内に示した回路例では，Ⓚ側の電圧がⒶ側の電圧より高いため，電流は流れません。これがわかれば③に進みましょう。

③は，トランジスタに流れる電流を説明したものです。トランジスタには，npnタイプとpnpタイプがあって，電流の流れる方向がまったく逆になります。どの方向に流れるかは，トランジスタのシンボルに"矢印"で示されています。矢印の方向がベース(Ⓑ)から外に向いているのがnpnタイプ，矢印の方向がベース側に向いているのがpnpタイプです。矢印のついている部分をエミッタ(Ⓔ)といい，電流はnpnタイプではコレクタ(Ⓒ)からエミッタに向かって流れ，pnpタイプではエミッタからコレクタに向かって流れます。

電流はトランジスタであっても，電圧の高いほうから低いほうに向かってしか流れませんが，作動させる"負荷の接続方法"には注意してください。

npnタイプのトランジスタは，負荷をⒸ端子と直流電源の＋端子間に接続し，Ⓔ端子は直流電源の－側端子と直接接続します。pnpタイプのトランジスタは，直流電源の＋側とトランジスタのⒺ端子を接続し，負荷はⒸ端子と電源の－端子間に接続します。このように電源を接続しておけば，センサなどで光を検出(あるいはこの反対)したとき，トランジスタにはエミッタの矢印で示す方向に電流が流れ(トランジスタがON状態になったと呼ぶ)，接続したリレーなどの負荷を確実に動作させることができます。

トランジスタがON状態になったときに流れる電流の大きさは，ダイオード回路と同じ考えで計算します。すなわち，コレクタとエミッタ間が接続されて，抵抗Rと直流電源だけの回路とみなして計算します。電源電圧が24 Vで10 Ωの抵抗Rが電源とコレクタ間に接続されているなら，トランジスタがON状態になると2.4 A程度の電流が流れます。

図中の点線内に示した回路例では，光センサ側の出力トランジスタはnpnタイプです。このため，Ⓒ側がⒺ側より高い電圧になるように電源を接続しておく必要があります。ところが，電源の接続が逆になっているので，センサが光を検出してもトランジスタがONとならず，したがってリレーも作動しません。これが理解できれば先に進みましょう。

④の回路は，ダイオードとトランジスタが一対になった，**ホトカプラ**の回路です。このダイオードは，電流が流れると発光するので**発光ダイオード**(**LED**)と呼ばれますが，発光することを除いて，②で取り上げたダイオードと同じです。一方のトランジスタは，LEDからの光を受けるとON状態になるので**ホトトランジスタ**と呼ばれますが，その他は③のトランジスタの場合と同じです。この例では，ダイオード側に10 mA流せばLEDが発光して，この光を受光したホトトランジスタ

がON状態になり，トランジスタ側に接続した抵抗rに電流i_2が流れます。

㊥は，応用のつもりです。DC 24 Vで使用するシーケンサの入力回路と，DC 48 Vで使用するセンサがあるとき，シーケンサ側の電源をセンサ電源と共用する例です。共用する電源電圧が48 Vのとき，ホトカプラ内のLEDに10 mA流すためには，4.8 kΩの抵抗が必要になります。シーケンサの入力回路側には2.4 kΩが内蔵（接続）されていますから，不足分の2.4 kΩを外部に接続します。すなわち，センサのOUT端子とシーケンサのIN端子間に2.4 kΩの抵抗を接続して，抵抗値の合計が4.8 kΩになるようにします。もし，DC 24 Vで使用できるセンサならば，共用電源を24 Vにしますが，この場合にはセンサのOUT端子とシーケンサのIN端子を直接接続します。

ここでは，トランジスタはどうすればON状態になるとか，ダイオードやトランジスタがON状態になったときに電圧降下があるとか，ダイオードに交流電圧を加えるとどうなるとか，どんな状態で使えば破壊されるかなどの理屈はいっさい省略し，"必要最低限のこと"を大胆かつ大ざっぱに説明しました。

これだけで万全とはいえませんが，入出力回路の説明を読んだり，入出力機器とシーケンサの入出力回路側との相性を判断する場合に十分役立ちます。

3.1.2 シーケンサの制御規模と入出力点数

シーケンサを利用するとき，ユーザ側が接続するのは，押しボタンスイッチやセンサなどの"入力機器"と，リレーや電磁弁などの"出力機器"ですが，シーケンサで制御する装置の規模によって，接続される入力機器と出力機器の数や種類は大きく変わってきます。

シーケンサに接続される入力機器の数を"入力点数"，出力機器の数を"出力点数"といい，入力点数と出力点数を合わせて"入出力点数"，あるいは"I/O点数"と呼んでいます。超小規模の制御装置では，シーケンサへ接続する押しボタンスイッチ，センサ，リレー，表示灯などのI/O点数が十数点という場合もあります。これに対して大規模のシーケンサ制御システムでは，I/O点数が数千点を超える場合もあります。このため，入力部と出力部の構成もシーケンサの制御規模に合わせたものになっています。

図3.2は，電源・CPU・入/出力部が一体になっている小規模システム向きと，拡張性の高い中・大規模システム向きのシーケンサについて，入出力部の構成方式を説明したものです。

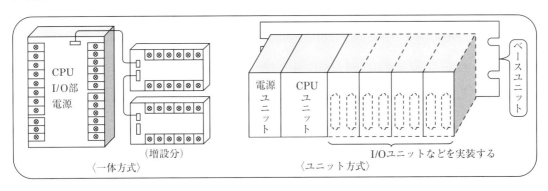

図3.2　シーケンサの規模と入出力部の構成

小規模システム向きの一体方式のシーケンサでは，シーケンサ単体では，接続できる入力と出力機器の数の合計が十数点から100点程度ですが，増設が可能な機種では数千点以上まで増やすことができるようになっています。

　入力点数と出力点数の割合は，3：2（たとえば，入力32点，出力24点）くらいになっており，増設可能な点数は8の倍数になっている場合が多い。増設できるI/O点数が少ないものは，端子台で接続する方式が一般的です。

　また一体方式のシーケンサでは，入/出力回路を作動するための電源を内蔵しているものが多く，押しボタンスイッチなどの有接点の入力機器は，"外部入力電源"を使わなくても接続できます。

　拡張性の高い中・大規模システム向きのシーケンサは，ベースユニットと各種のユニットでシーケンサを構成するようになっています。すなわち，電源とCPUユニットを実装したベースユニッ

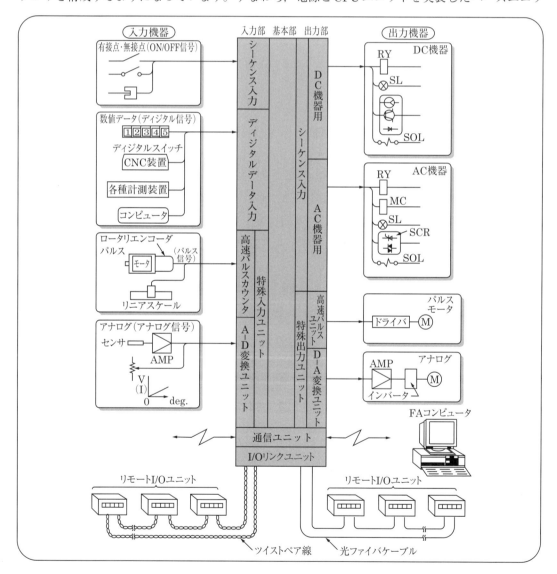

図3.3　シーケンサに接続される入出力機器例

トに，いろいろなタイプのI/Oユニットを選択して実装します。最近は，ベースユニットを使用しないで，ケーブルでI/Oユニットを接続するものが増えています。

〈ユニット方式〉のシーケンサでは，押しボタンスイッチやリミットスイッチ，近接センサなどの"シーケンス入力機器"を接続するためのユニットだけでなく，特殊入力ユニットや通信ユニットなども実装できます。I/OユニットのI/O点数は，1ユニット当たり8，16，32，64点のものが標準的です。接続方式は，8〜16点のユニットは端子台方式，32〜64点のユニットではコネクタ方式になっています。I/Oユニットは，入力専用ユニット，出力専用ユニットになっているものが多く，1つのユニットに入力機器と出力機器が接続できるものもあります。電源は，CPUユニット用の電源とは別に，"外部入力電源"を設置して，センサなどの入力機器用の電源と共用することもあります。

ここでは，シーケンス制御の入出力となるスイッチ，センサ，リレーなどを，シーケンサの"主要な入出力機器"として説明しましたが，シーケンス制御の実務では，図3.3に示したようないろいろな種類の入出力機器が必要になります。ユニット方式のシーケンサでは，これらの機器もユニット化されているので簡単に接続できます。なお，シーケンサの小型・軽量化が進み，DINレール上に電源・CPUユニット・I/Oユニットなどを連結するものが多くなってきました。

3.2 シーケンサの入力回路と入力機器の接続法

3.2.1 入力回路の形式

入力機器をシーケンサの入力部に接続しようとするとき，互いの接合部分がわかっていなければなりません。図3.4は，シーケンサの代表的な"入力部の回路例"です。

また図3.5は，センサなどの"入力機器側の出力部"の回路例です。図3.4，図3.5で示したこれらの回路どうしの相性が合えば，問題なく接続して使用できることになります。相性が合わない場合には，合わせるための回路（インタフェース回路）が必要になります。

図3.4の①，②の回路は，直流電源で作動する入力機器（例では押しボタンスイッチとトランジスタ）なら接続できます。押しボタンスイッチを押したり，トランジスタをON状態にすれば，ホトカプラが作動してシーケンサに"ON信号"が取り込まれます。

①と②の回路の違いは，①の回路のホトカプラには，1個の発光ダイオードが組み込まれているだけです（ごく普通のホトカプラ）。このため，COM端子に電源の＋端子を接続しない限り，押しボタンを押しても発光ダイオードに電流が流れません。このことは，①の回路を使用する場合には，外部に接続する"外部入力電源"の極性（＋，−）をまちがわないようにしなければならないことを意味しています。これに対して②の回路は，COM端子に電源の−極を接続すれば，ホトカプラ内の左側の発光ダイオードに電流が流れ，＋極を接続した場合には右側の発光ダイオードに電流が流れます。すなわち，②の回路では，シーケンサの入力端子から電流が流れ出しても，流れ込んできてもホトカプラ内のホトトランジスタがON状態になります。このように②の回路では，ホトカプラ内にある2個の発光ダイオードが互いに逆方向に並列接続されているため，この回路を

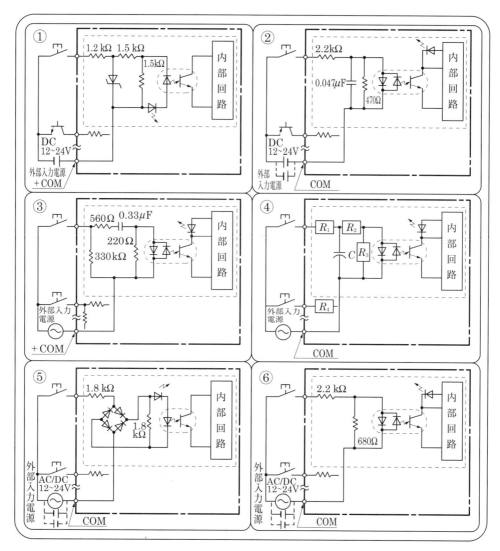

図3.4　シーケンサの入力回路

作動させる"外部入力電源"の極性はどちらでもよいことになります。

このことは，外部入力電源の極性接続の仕方によって，入力端子から作動電流が流出する接続法と，作動電流が入力端子へ流入する接続法が選定できることを示しています。これについては，3.2.2項の(2)で説明します。

③，④の回路は，交流（50/60 Hz）で作動する入力機器用の入力回路です。③の回路は，電源に直流成分が含まれていてもコンデンサ（$0.33\,\mu\mathrm{F}$）で阻止されるため，発光ダイオードには電源の交流成分だけが流れます。これに対して④の回路では，発光ダイオードに直流分と交流分がいっしょに流れます。ホトカプラ内の2つの発光ダイオードには，電流が交互に流れて発光し，ホトトランジスタに入力信号として伝達されます。

⑤，⑥の回路は，直流の入力機器でも交流の入力機器でも接続できる回路です。⑤の回路では，交流電源を接続しているときには，ブリッジ接続したダイオードで全波整流されて直流に変換され，

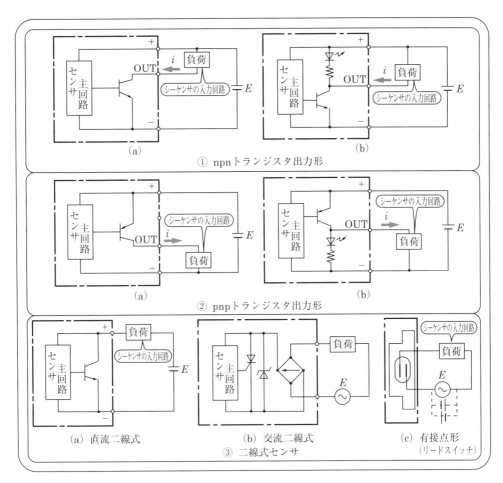

図 3.5　センサ(入力機器)の出力方式

変換された直流電流が発光ダイオードを流れます。直流電源で使用するときには，ブリッジ接続されている整流用ダイオードを直流電流が素通りし，ホトカプラ内の発光ダイオードを発光させます。

⑥の回路では，交流電源を使用したときには，ホトカプラ内の2つの発光ダイオードに交互に電流が流れて発光します。直流電源で使用する場合は，接続する電源の極性によって対応する発光ダイオードに電流が流れて発光します。たとえば，直流電源の＋極がCOM端子に接続されている場合には，右側の発光ダイオードに電流が流れて発光します。

なお，入力機器側からシーケンサの内部回路側への信号伝達は，ホトカプラを介して行っており，これを**ホトカプラ絶縁タイプ**といいます。入力機器側とシーケンサ内部の電気回路が直接つながっていないので，外部の機器が大きな電圧・電流で動作しても，弱い電気で動作しているシーケンサの内部回路が影響を受けにくいという特長があります。

以上，シーケンサの代表的な入力回路について説明しましたが，図3.4の①では，入力回路の入力仕様が表3.1のように記述されています。この記述内容の"応答時間"は，入力機器がOFFからON状態になってから(たとえば押しボタンスイッチが押されてから)，5〜20 ms後に押しボタンスイッチが押されたことをシーケンサが検知できることを説明しています。反対に，入力機器が

表3.1 入力仕様例

項　　　目　　　　形　名	KX40
入　力　形　式	DC入力
入力点数（点数／ユニット）	16点
絶　縁　方　式	ホトカプラ絶縁
定　格　入　力　電　圧	DC 12／24V
最　大　入　力　電　圧	DC 26.4V
入力電圧　ON電圧	DC 3V以下
OFF電圧	DC 9.6V以上
入力電流（定格電圧）	10 mA／DC 24V
応答時間　OFF→ON	5〜20 ms／DC 24V
ON→OFF	10〜30 ms／DC 24V
動　作　表　示	LED表示
外　部　接　続　方　式	端子台コネクタ
コ　モ　ン　接　続　方　式	16点／1コモン
重　　　　　量	0.65 kg

ONからOFF状態になっても，OFFになったことを検知できるのは，10〜30 ms後になります。ここでまちがっていけないのは，応答時間が小さい入力回路が大きい入力回路より性能がよいということではありません。すなわち，入力回路の応答時間の大小は，性能の優劣を説明したものではありません。応答時間が大きいのは，"ノイズ"のように一瞬ON状態になったりOFF状態になったりする信号を除去する（本当の信号とみなさないようにする）ために，あえて応答時間を長くしていると解釈してください。なお，図3.4で示したこれらの入力回路で，センサやスイッチ類などの"シーケンス入力機器"のほとんどに対処できます。

次に，シーケンサの入力回路の相手となるセンサ側の回路をみてみましょう。図3.5で示した①の回路では，センサの出力部が"npnタイプのトランジスタ出力形"になっています。(a)はトランジスタのコレクタに何も接続されていないので，"オープンコレクタ出力"と呼ばれます。(b)はコレクタにセンサが作動（トランジスタがON状態になる）したことを表示する発光ダイオードの駆動回路が接続されていますが，動作は(a)と同じです。すなわち，センサ側の出力トランジスタがONしたとき，負荷側からセンサ側の出力トランジスタのコレクタに電流が流れ込みます。ここで"負荷"と記したところが，先に説明したシーケンサの"入力回路部"に相当します。したがって，この出力タイプのセンサは，シーケンサの入力端子側から流出した電流 i が入力機器側へ流入するように接続すればよいことがわかります。

図3.5の②の回路は，"pnpトランジスタ出力タイプ"といわれるもので，センサが検出状態になって出力トランジスタがONしたとき，センサ側からシーケンサの入力回路側に電流 i が流入するよ

うに接続すればよい。(a)では，センサ側の出力トランジスタがONしたとき，負荷(シーケンサの入力回路)に向かって電流が流れます。(b)では，センサ側のトランジスタがONになると，センサの表示灯と負荷(シーケンサの入力回路)に向かって電流が流れます。

図3.5の③は，"二線式センサ"の回路です(①，②では，センサの電源供給用を含めて接続線が3本必要)。(a)は直流二線式で(b)は交流二線式ですが，いずれもセンサの主回路が使用する電源(センサ電源)は，負荷を通して供給されます。したがって，センサが検出状態になっているかいないかにかかわらず，常に負荷側からいくらかの電流を流しておく必要があります。(c)は，リードスイッチを使用した"有接点出力"のセンサ回路です。リレーの接点と同じ有接点ですから，図3.4の例で示したように，押しボタンスイッチをシーケンサの入力回路に接続する場合と同じです。

3.2.2 入力機器の接続例
(1) 電 源

図3.5③の(c)で示した磁気形近接スイッチでは，これを作動させるための電源は不要です(磁石のついた被検出体が接近すると，リードスイッチの接点が作動する)。しかし，センサの多くは自身を作動させる電源(センサ電源)が必要になります。センサに増幅回路部(アンプ)を外付けするタイプでは，ここに100Vや200Vの交流電源を供給して直流電源をつくるものもありますが，DC 12Vや24Vで使用するものが多いようです。

図3.6に電源の接続例を示しました。(a)は，センサ電源とシーケンサの外部入力電源が別個の場合で，使用するときに決められているそれぞれの電圧(定格電圧)が異なるときの例です。E_1がシーケンサの入力回路用電源(外部入力電源)です。小規模シーケンサでは，E_1がシーケンサの内部に準備(内蔵)されていることが多く，これを"内部入力電源"と呼んでいます。

内部入力電源をもっているシーケンサでは，押しボタンスイッチやリレーなどの有接点機器，オープンコレクタのトランジスタを図3.7のように接続して使用できます。

これに対して，図3.6(a)，(b)のようにシーケンサの外部で準備しなければならない電源(E_1)を**外部入力電源**と呼んでいます。多数の入力点数を使用する中規模以上のシーケンサでは，入力電源として外部入力電源を使用するようになっています。　図3.6(a)のE_2はセンサ用の電源です。

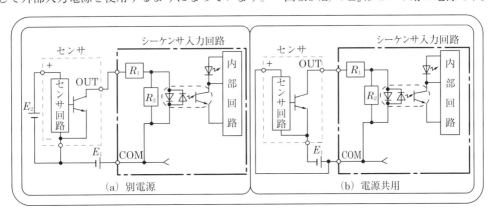

図3.6　センサ電源と入力電源

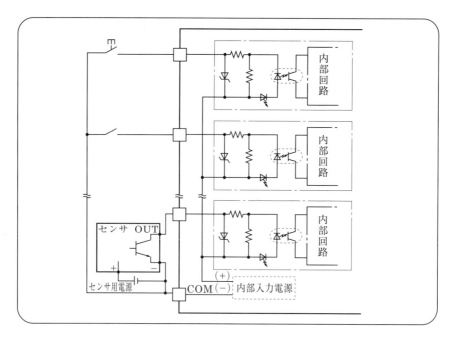

図3.7 内部入力電源による入力機器の接続

　図3.6(b)は，センサ電源とシーケンサの入力電源の定格電圧が同じで，共用できる場合の例ですが，定格電圧が同じであっても，2つの電源を用いてそれぞれを分離したほうがよいでしょう。特に，接続するセンサの数が多いときや，センサまでの距離が長くなる場合には，(a)のように別個電源にすることを推奨します。また，シーケンサに内蔵されているDC 24 Vなどの電源を，センサ電源として流用することも可能ですが，一般的には電流容量も少なく，シーケンサ外部のノイズの影響を受けることもあり，あまり推奨できません。

(2) シンクロード接続とソースロード接続

　シーケンサの入力回路と入力機器(センサ)側の出力部の相性が合致することが，入力機器とシーケンサを接続するときの第一条件です。シーケンサの入力回路に入力機器を接続する場合，2つの接続法があります。1つは，動作電流をシーケンサの"入力端子側"から入力機器側へ流入させる接続法です。もう1つは，動作電流を"入力機器側"からシーケンサの入力端子側へ流入させる接続法です。

　シーケンサの入力端子から電流が流出するとき，入力回路が作動するタイプを**シンクロード・タイプ**あるいは**電流出力形**と呼びます。

　シーケンサの入力端子から電流が流入して作動するタイプを**ソースロード・タイプ**または**電圧出力形**と呼びます。

　図3.4の①の回路はシンクロード・タイプ，②の回路はシンクロードとソースロードの両方に使えるタイプです。国内とアメリカではシンクロード・タイプの接続，ヨーロッパではソースロード・タイプの接続を採用することが多いようです。いずれの接続法でも，入力機器をシーケンサへ接続するとき，2つの回路間を正しく電流が流入あるいは流出できるように接続すればよい。した

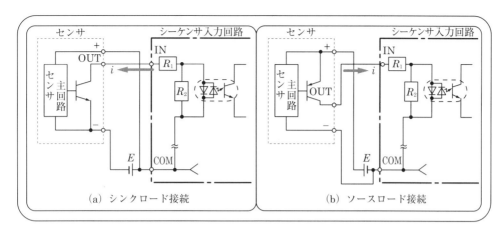

図3.8 シンクロード接続とソースロード接続

がって，電流の入出の関係は，シーケンサの入力端子側と入力機器の出力端子側とでは反対になります。いいかえれば，電流を吐き出すシーケンサの入力回路に対しては吸い込むタイプの入力機器（シンクロード），電流を吸い込むシーケンサの入力回路は吐き出すタイプの入力機器（ソースロード）と"相性が合致"することになります。

図3.8に両タイプの典型的な接続例を示しました。図3.8(a)は，シーケンサの入力端子からセンサの出力トランジスタに作動電流が流入する"シンクロード接続"（負荷（センサ）側に電流が吸い込まれる）で，国内ではこの接続法が標準的に用いられています。国内のセンサのカタログをみても，npnトランジスタ出力のセンサが圧倒的に多いことがわかります。

(b)は，センサの出力端子からシーケンサの入力端子に作動電流が流入する接続法で，"ソースロード接続"（流入する電流が負荷（センサ）側から供給される）といいます。

なお，図3.8の例ではシーケンサの入力回路がまったく同じですが，シンクロード/ソースロード接続のいずれにも使用できるのは，ホトカプラ内の2つの発光ダイオードが，互い違いに並列接続されているためで，これについてはすでに図3.4の②などで説明したとおりです。

最近，シーケンサの入力回路に図3.4の②や図3.8で示したような，シンクロードとソースロード接続の両方に使用できるものが増えてきているようですが，これはシーケンサおよびシーケンサ制御装置の国際化（輸出）と関係があると思います。

シンク接続/ソース接続両用の入力回路は，外部入力電源の接続まちがいによるトラブルを防ぐ効果もありますが，図3.4の②や図3.8で示したシンクロードでもソースロードでも使用できる入力回路を使ったおかげで，「シンクロード接続にしたつもりが実際はソースロード接続で正常に作動している…」では困ります。

(3) 二線式センサの接続法

図3.9には，直流二線式のセンサをシーケンサに接続するときの例を示してあります。二線式のセンサは専用の電源供給端子がなく，シーケンサの入力回路（センサ側にとって負荷）を介して，電源の供給が行われます。このため，シーケンサの入力回路が作動していない状態のときでも，センサ側に規定の電流が流れていなければなりません。

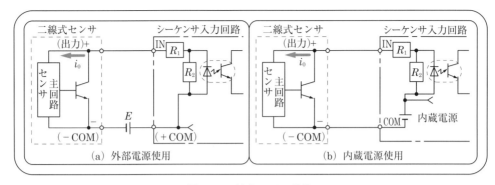

図3.9 二線式センサの接続

図3.9(a)は，外部入力電源(E)を使用するときの例です。センサの電源は，"センサが非検出状態"で出力トランジスタがOFFの場合は，抵抗R_2やホトカプラ内の発光ダイオードを通り，R_1を通して入力端子から流出するわずかな電流i_0（通常2mAより少ない）によってまかなわれています。もちろんこの状態では，シーケンサの入力回路のホトカプラは作動しない（ホトトランジスタがOFF）ので，入力信号はOFF状態になっています。"センサが検出状態"になって，出力トランジスタがON状態になると，ホトカプラが作動するのに十分な電流（発光ダイオードに5〜10mA程度流れる）が入力端子から流出するので，このうちの一部の電流がセンサ電源i_0として使われます。

図3.9(b)は，シーケンサに入力電源が内蔵されている場合で，このときには2本の電線を接続するだけで，他のものはいっさい不要になります。

ところで，二線式センサは省配線でいいことずくめのようですが，三〜四線式に比べて注意しなければならない点があります。二線式の近接センサの仕様をみると，必ず"漏れ電流と残留電圧の値"が明記されています。

漏れ電流は"消費電流"とも書かれていることがあるように，近接スイッチがOFF状態（検出状態でない）でも，センサ自身の回路を作動させるのに必要な電流のことです。"残留電圧"は出力残留電圧とも呼ばれ，近接スイッチがON状態（検出状態）になって，出力トランジスタがON（コレクタとエミッタ間が導通する）になったとき，出力端子と電源の−端子間に現れる電圧のことです（図3.9では，センサの出力トランジスタのコレクタとエミッタ間の電圧）。

図3.10に漏れ電流と残留電圧を説明しました。センサの出力部の理想は，出力トランジスタがON状態になれば，リレーの接点が閉じたときのようにコレクタとエミッタ間の抵抗が非常に小さくなり，出力端子（＋）と−COM端子（−）間の残留電圧が0Vになることです。しかし，二線式センサの出力トランジスタがON状態になったとき，出力端子と−COM端子間の電圧が0Vになると，センサ自身の回路を作動させるのに必要な電流i_0が流れなくなります。したがって，出力トランジスタがON状態になっても，出力端子と−COM端子間の電圧が0Vにならないように，あえて残留電圧が発生するようにしているのです。一方，シーケンサの入力回路側にとっては，残留電圧がないのが理想で，残留電圧の値があまり大きいと，入力回路が作動できなくなります。

たとえば，シーケンサの定格入力電圧Eが24Vのとき，少し極端ではあるが残留電圧V_Lが20Vあるとすると，シーケンサの"入力電圧"となる入力端子（IN）と電源の＋端子間（＋COM）の電位

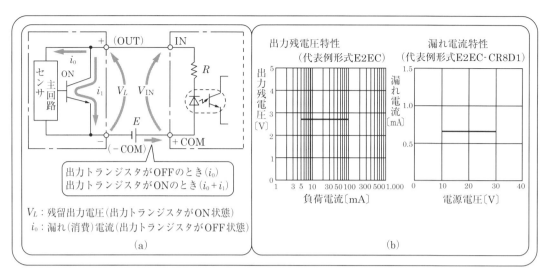

図 3.10　センサ出力回路の漏れ電流と残留電圧

差 V_{IN} が 4 V ($V_{IN} = E - V_L$) になります。この 4 V は定格入力電圧 24 V に比べてあまりにも小さく，このためシーケンサの入力回路のホトカプラが作動するのに十分な電流が発光ダイオードに流れません。

したがって，残留電圧の大きさは，センサにとっては「センサ自身の回路が作動できる最低の電流（漏れ電流）が流れるだけの"大きい値"」が必要で，シーケンサの入力回路にとっては「内部のホトカプラが作動するときに影響を与えることがない"十分に小さい値"」でなければならないことになります。

次に漏れ電流の影響について考えてみます。これも少し極端に考えて，漏れ電流 i_0 が 10 mA 流れるとすると，センサの出力トランジスタが OFF 状態にもかかわらず，シーケンサの入力回路のホトカプラが作動します。

すなわち，センサの出力トランジスタの ON/OFF 状態に関係なく，常にホトカプラが作動状態になってしまいます。当然，シーケンサの入力回路のホトカプラは，センサの出力トランジスタが OFF 状態では不作動，ON 状態で作動しなければなりません。このためには，漏れ電流の大きさは，シーケンサの入力回路が誤動作しない"十分に小さい値"でなければならないことになります。

センサメーカ数社のカタログをみた限りでは，残留電圧が 4 V 以下，漏れ電流が 1.5 mA 以下です。残留電圧と漏れ電流がこのぐらいであれば，シーケンサへ直接接続しても問題になるケースはほとんどありません。二線式センサをシーケンサの入力部に直接接続すれば，センサと入力回路がともに正常動作するように設計されているのが理解できます。

3.3 第3章のトライアル

(1) 次の文章の①~⑪に最も適する語句を〈語群〉の中から選択し，文章を完成させてください。なお，語句は何度使ってもよい。

〈文章〉

　シーケンサは，① ，② ，③ で構成されており，④ に接続される機器を ⑤ と呼び，代表的なものに，各種センサ，リレーの ⑥ ，押しボタンスイッチ，⑦ などがあります。⑧ に接続される機器を ⑨ と呼び，接続される代表的なものに，表示灯，⑩ や ⑪ の操作コイル，電磁弁の操作コイルなどがあります。

〈語群〉

　リレー，電磁接触器，メモリ，マイクロプロセッサ，出力部，プログラム，ハードウェア，リミットスイッチ，マイコン，入力部，CPU部（制御部），接点，コイル（操作コイル），入力機器，出力機器

(2) 記号群の中から適当な部品を選定し，押しボタンスイッチを押すと，ホトカプラがON状態になる回路図をつくり，LEDに流れる電流の大きさと方向を記入してください。なお，ホトカプラ内のホトトランジスタは，LEDに6~10mA流したときにON状態になります。

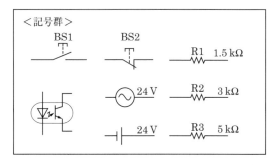

(3) 記号群の中から適当な部品を選定し，npnトランジスタがONしたときにリレーが作動する回路図を作成してください。また，回路に流れる電流の方向を記入してください。

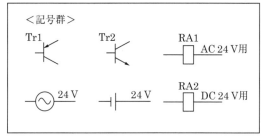

(4) 図3.11で示した入力回路に〈記号群〉から適当な電源と機器を選定して，接続してください。なお，トランジスタ記号は，センサまたはホトカプラの出力トランジスタを意味します。

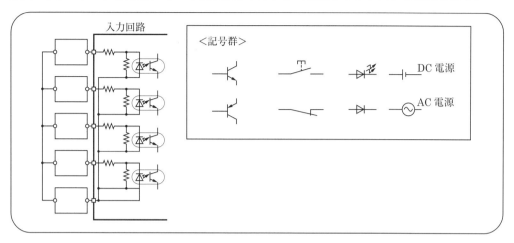

図 3.11

(5) センサが動作（出力トランジスタTrがON）したとき，図3.12で示した入力回路のホトカプラがONになるように，〈記号群〉から適当な電源を選定して，入力回路とセンサの接続図(a)と(b)を完成させてください。なお，電源はセンサ用電源とシーケンサの外部入力電源に共用します。

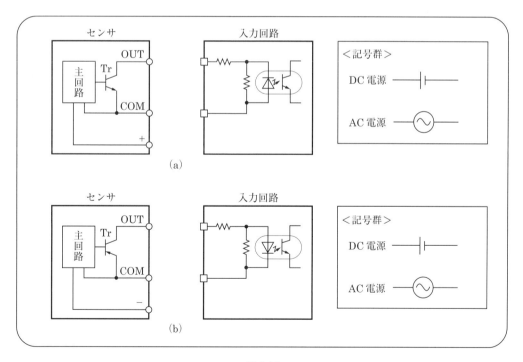

図 3.12

第4章 シーケンサの出力回路と出力機器の接続法

4.1 シーケンサの出力回路と出力機器の接続法

4.1.1 入力回路の形式

　シーケンサの処理（プログラムの実行）結果は，シーケンサの出力部から外部に出されます。シーケンサの出力部（出力回路）から出力される起動や停止の指令信号によって，機械装置のモータは回転を開始したり停止します。また，コンピュータなどの情報処理機器に対しては，生産個数などの情報（データ）が与えられます。

　ところで，シーケンサの出力部に接続される機器や回路などは，すべて**出力機器**と呼ぶことができます。すなわち，発光ダイオードの小さな表示灯，リレー，電磁弁のソレノイドから，コンピュータのデータ入力部（たとえばIC回路），測定機器のインタフェース回路まで，すべてシーケンサの出力機器です。

　図4.1は，機械装置のシーケンス制御でよく使われる，シーケンサの出力機器の一例です。ここ

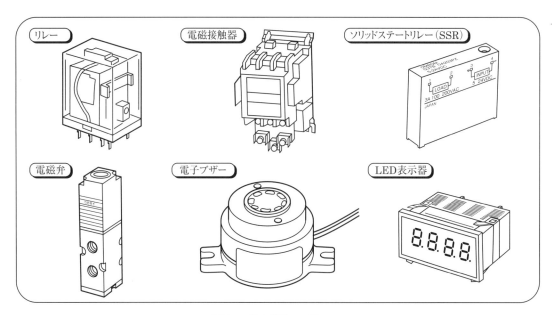

図4.1　出力機器の一例

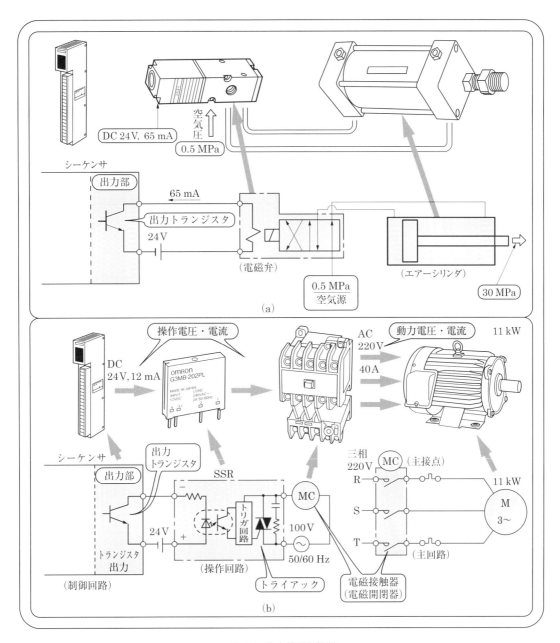

図 4.2 出力機器の役割

では，図4.1で示した"出力機器"と，出力機器を駆動するための"シーケンサの出力回路"について説明します。

最初に，シーケンサの出力機器（以下，出力機器）の役割について考えてみます。図4.2(a)に**電磁弁ソレノイド**，(b)に**SSR**(solid state relay)と**電磁接触器**（MC：magnetic contactor）の役割を説明しました。(a)は，シーケンサの出力部のトランジスタ（トランジスタ出力という）で電磁弁のソレノイドを操作して，空気源から供給される圧力0.5 MPa（5 kgf/cm^2）の空気の流れを切り換え，シリンダによって30 MPa（300 kgf/cm^2）の力が出るようになっています。ここでは，出力機

4.1 シーケンサの出力回路と出力機器の接続法 **47**

器（電磁弁）が2つのことをしています。

1つは，電気制御から空気圧制御への変換です。もう1つはパワー増幅の手助けです。DC 24 V−65 mAの小電力（24 × 0.065 = 1.56 W）で電磁弁を操作することにより，シリンダが30 MPaの力を出すための補助をしています。

(b)は，シーケンサから出された出力で，11 kWの三相かご形誘導電動機（220 V，40 A）を駆動する例です。ここでは，シーケンサの出力トランジスタでSSRを操作し，さらにSSRでMCの操作コイルに電流を流して励磁し，主回路に接続された11 kWのモータを駆動しています。なお，この例ではMCの主接点で11 kWのモータを直接始動するように説明しましたが，実際はこのような大容量のモータは2個のMCを利用した始動器（スタータ）を使って始動します。2個のMCの主接点に大きな電流が流れることに変わりはありません。

シーケンサの出力トランジスタで直接MCを操作しないのは，トランジスタにMCを操作できるだけのパワーがないことと，使用しているMCが交流電源で操作するタイプのためです。したがって，シーケンサの出力部と直接つながっているSSRは，直流電源による操作から交流電源による操作への変換と，電力増幅の補助的な役割を担っていることがわかります。また，SSRによってシーケンサ側の"制御回路"と"操作回路"および"主回路（動力回路）"を電気的に分離しています。これによって，主回路に大電流が流れても，制御側の回路（シーケンサ）に影響を与えないようにすることができます。

これらの例でわかるように，シーケンサに接続される出力機器の役目は次のようになります。
- シーケンサの出力部の駆動能力（電力）不足を補い，大容量のモータなどが駆動できるようにすること（電力増幅）
- 直流機器用の出力回路を使って交流電源で使用する機器を操作できるようにすること（操作電源の種類や電圧値の変換：たとえば，トランジスタ出力で誘導電動機を操作する）あるいはこの逆
- シーケンサ側の制御回路とモータなどの動力回路を分離すること（回路の分離と信号伝達）
- 電気制御から空圧・油圧制御へ変換すること（電気→空圧/油圧変換）

などです。

4.1.2　出力回路の形式

図4.1で示した出力機器には，直流電源で使用しなければならないもの（直流器具），交流電源で使用しなければならないもの（交流器具），直流電源でも交流電源でも使用できるもの（交直両用器具）があります。また，動作させるのに必要な電圧の大きさも，5 V，12 V，24 V，48 V，100 V，200 Vなどまちまちで，必要な電力（消費電力）も異なっています。このような出力機器を1種類のシーケンサの出力回路に接続して使用することはできません。このため，電源の種類や使用電圧・電力の異なる出力機器に対処できるように，シーケンサのメーカ側では何種類もの出力回路を準備しています。

図4.3にシーケンサの出力回路の基本的なものを示しました。この図では，"負荷"の部分が"出力機器"に相当します。

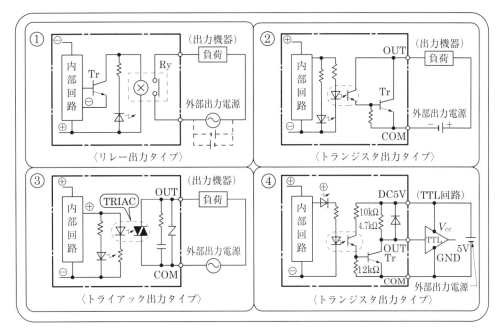

図4.3 シーケンサの出力回路の例

①は**リレー接点出力**と呼ばれる回路で，出力機器はリレーの接点によって外部出力電源と結ばれます。この回路では，シーケンサの出力信号をON状態にするとトランジスタ(Tr)がON状態になり，リレー(Ry)のコイル(×)に電流が流れ，その接点(a接点)が閉じます。これによって，外部出力電源から出力機器に電流が流れて作動します。たとえば，出力機器としてランプが接続されていると，このランプが点灯します。出力回路の出力部が**リレー接点**(有接点)であり，次に説明するトランジスタ出力のように，電流の流れる方向に制約がありません。したがって，直流電源で使用する出力機器と交流電源で使用する出力機器のどちらにでも接続できます。

②は**トランジスタ出力**と呼ばれる回路で，出力回路の出力部がトランジスタになっています。この回路は，トランジスタ(Tr)がnpnタイプで，コレクタがそのまま出力端子(端子OUT)に接続されているので，**npnオープンコレクタ出力**と記述されることもあります。

シーケンサが出力信号をON状態にすると，ホトカプラが作動してトランジスタ(Tr)がON状態になります。これにより，外部出力電源から電流が流れて出力機器が動作状態になります。接続できる出力機器は，直流電源で使用する機器です。接続する電源の極性は，出力端子側へ負荷電流が流入するように接続する必要があります。リレー接点のように，電源の極性はどちらでもよいというようにはなりません。

npnオープンコレクタのトランジスタ出力回路に負荷を接続する場合には，図4.3の②で示したように，電源の−端子を出力トランジスタ(Tr)のエミッタ(端子COM)に接続し，負荷は電源の＋端子とTrのコレクタ(端子OUT)間に接続します。

③の出力回路では，**トライアック**(TRIAC)が出力素子として使われており，**トライアック出力**と呼ばれます。この回路では発光ダイオードとホトトライアックを組み合わせたホトカプラが使わ

れており，シーケンサがON状態を出力すると発光ダイオードに電流が流れ，トライアックが導通(ON)します。この結果，出力機器に外部出力電源が供給されて作動します。この回路で駆動できるのは交流機器であり，外部出力電源は交流でなければなりません。

①のリレー出力でも交流機器を駆動できることは説明しましたが，③のトライアック出力は，電源を入れたり切ったりすると過渡的に大きな電圧が発生する，**ソレノイド**（コイル）のような出力機器（**誘導性負荷**という）を駆動するのに適しています。リレーのような有接点は，ソレノイドをON/OFFするときに発生する火花（スパーク）で接点が摩耗したり溶着するおそれがあるほか，頻繁にON/OFFをくり返すと機械的疲労で壊れることがあります。

これに対してトライアックでは，交流電源電圧が0Vになったときに負荷と電源が切り離されるため，火花が発生しにくく，機械的疲労もありません。

また，制御方式が**ゼロクロス方式**と記述されているものは，電源電圧の0V近傍でトライアックが導通させられるため，負荷への突入電流が抑制され，負荷や電源に与えるショックやノイズが極端に少なくなります。交流電源で作動させるソレノイドの駆動は，トライアック出力の得意とするところです。

④の出力回路は，TTL (transistor-transistor-logic) ICやトランジスタでつくられた電子回路が接続できる回路です。"オープンコレクタのトランジスタ出力回路"と大きく異なっているところは，出力される電圧を利用するのが主であって，電流で駆動する機器ではないことです。この出力回路では，内部のホトカプラがOFF状態のとき，OUT端子から5Vが出力されます。ホトカプラがON状態になれば，出力トランジスタ（Tr）のベース電位がエミッタ電位より高くなり，TrがONになってOUT端子は0Vになります。これにより，標準的なTTL-ICをそのまま接続して動作させることができます。もちろん，電流で駆動されるDC5V用のリードリレーなどの小負荷は，この出力回路のOUT端子と電源の＋端子間に接続すれば，動作させることができます。

4.1.3 出力回路の仕様例と接続例

シーケンサの出力回路側の出力部と出力機器側の入力部のようすがわかれば，接続が可能かどうかはすぐに判断できます。しかし，実際に接続して"使用できるかどうか"は，接続する機器側の定格（動作させるのに必要な電力）と出力回路側の駆動能力（電圧と電流の大きさ）の関係が満足されていなければなりません。これは，シーケンサの入力回路にセンサなどの入力機器を接続する場合も同じですが，出力機器は入力機器に比べて定格電圧や定格電流がまちまちで，その範囲は非常に広いのです。そのため，出力回路の選定によっては，出力機器の種類が同じであっても直接駆動できる場合と，リレーやSSRなどを介さなければ駆動できない場合があります。

(1) リレー出力タイプとの接続

図4.4に，リレー出力タイプの仕様例と接続例を示してあります。リレーの接点は有接点ですから，出力機器はDC仕様でもAC仕様であっても接続できます。しかし，この回路の仕様をみると，定格負荷電圧，最大印加電圧，最大負荷電流が記述されており，これらの内容から，この回路で駆動できる負荷の大きさを判断する必要があります。

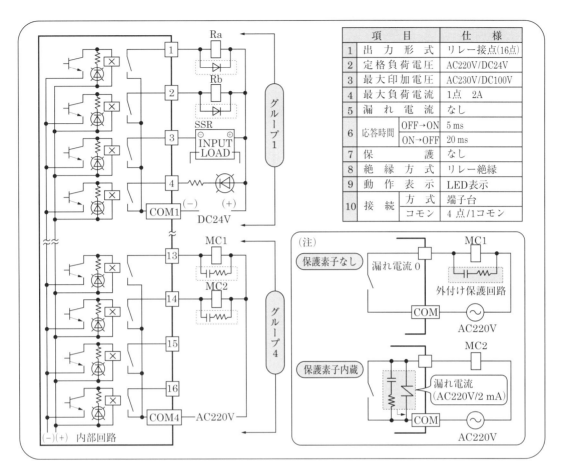

図 4.4　リレー出力タイプの仕様例と接続例

　すなわち，このリレーの接点で開閉できる電圧と電流の大きさがわかります。接点に流れる負荷電流は2A以下で，電圧もACなら230V以下，DCなら100V以下で使用しなければなりません。推奨できるのはAC220VまたはDC24Vですが，出力リレーの接点に保護素子が組み込まれているかどうか，組み込まれていない場合は外部につけるかつけないかによって，駆動できる負荷の大きさや寿命が違ってきます。この出力回路のリレー接点には保護素子が組み込まれていない（項目7）ため，DC24V回路のリレー（Ra，Rb）にはダイオード，AC220V回路の電磁接触器（MC1，MC2）には抵抗とコンデンサを組み合わせた**スナバー回路**を外付けした例を示してあります。

　項目5の漏れ電流は，シーケンサ内部に接点の保護素子が組み込まれている場合，接点が開いている状態（出力がOFF状態）でも，この保護素子を通して出力端子にわずかな電流が流れます。この電流のことを**漏れ電流**と呼んでいます。もちろん図4.4の出力回路では，保護素子が内蔵されていませんから，漏れ電流はありません。

　漏れ電流は数mA程度のわずかな電流ですから，一般的なリレーや電磁接触器では，漏れ電流によって誤動作するようなことはほとんどありません。漏れ電流だけで作動する機器を接続する場合は，仕様例で示したような保護素子のない出力回路を選定します。

なお，図4.4の(注)で漏れ電流と接点の保護を簡単に説明してありますが，詳細は第5章の5.2節で取り上げます。

項目8の絶縁方式は，出力回路側の内部回路と出力機器側の回路とが，何によって電気的に分離されているかということを説明しています。リレー出力では当然，接点によって分離・絶縁されています。

項目9の動作表示は，シーケンサからON信号が出力されるとLEDを点灯させ，シーケンサの外部から出力状態がわかるようにしたものです。最近の回路ではほとんどついています。

項目10の接続では，出力の数に対して"コモン"端子がどのように準備されているかもみておく必要があります。この例では出力4点につき，独立したコモン端子が1点用意されています（図4.4では出力5〜8と出力9〜12までの回路を省略して描いてあります）。このため，4種類の電源で電圧仕様の異なる出力機器を作動させることができます。また，出力機器をコモン端子ごとにグループ分けして整理する場合にも有効利用できます。

(2) トランジスタ出力タイプとの接続

図4.5にトランジスタ出力の仕様例と接続例を示してあります。出力部がトランジスタですから，ここに接続できるのはDC仕様の機器だけです。

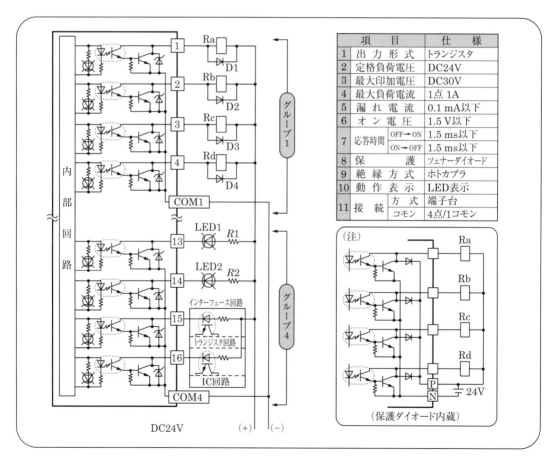

図4.5 トランジスタ出力の仕様例と接続例

仕様項目の2, 3, 4, 5の内容は先に説明したリレー出力の場合と同じです。出力機器を駆動する電源 (外部出力電源と呼ぶ) はDC 24 Vで, 電流は1 A以上流れないようにしなければなりません。漏れ電流は, 出力トランジスタのコレクタとエミッタ間に挿入されている, **過電圧保護ダイオード (ツェナーダイオード)** によるものです。

　図4.5の(注)で示したように, トランジスタの保護ダイオードとして, 一般的なダイオードが出力トランジスタのコレクタと電源の+端子 (端子P) 間に挿入されている回路もあります。この場合には, 図4.5で示した接続例のように, 出力機器 (リレーRa, Rb, Rc, Rd) の両端にダイオード (D1, D2, D3, D4) を接続したのと同じ効果があります。

　項目6のオン電圧とは, 出力トランジスタがON状態になっても出力端子とコモン端子間の電圧が0 Vとならず, ここに発生する電圧のことです。出力トランジスタに流す電流 (負荷電流) が大きくなると残留電圧も大きくなりますが, 接続例で示したリレーやLEDのような機器を接続して使用するときにはまったく問題にはなりません。ただし, トランジスタ回路やICなどの電子回路に接続する場合には注意が必要です。

　特に, ディジタルICに直接接続しても正常動作をさせることは期待できないので, 接続例のようなインタフェース回路をつくり, ホトカプラを介してIC回路やトランジスタ回路に接続します。絶縁方式はホトカプラ絶縁方式で, 出力回路側の内部回路と出力機器側の回路とは, ホトカプラによって電気的に分離・絶縁されています。

　出力機器を接続するためのコモン端子は, 出力4点につき1個の端子が用意されています (図4.5では出力5～12までの回路を省略して描いてあります)。このため, 電源を完全に独立・分離させ

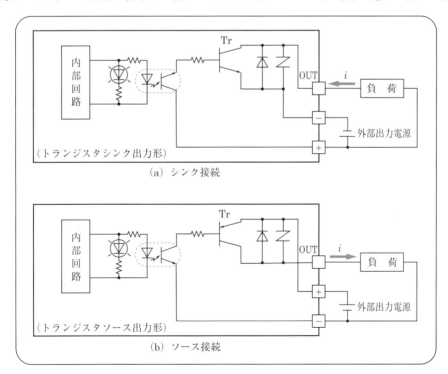

図4.6　出力機器のシンク接続とソース接続

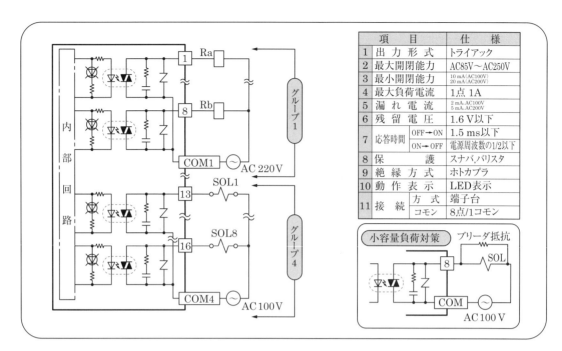

図 4.7 トライアック出力タイプの仕様例と接続例

た4つの出力機器グループに分けることができますが，接続例では外部出力電源は共通になっています。ところで，図4.5では出力トランジスタがON状態のとき，電流は負荷（リレー）側からシーケンサの出力端子側に向かって流入します。このように，シーケンサの出力回路へ動作電流を流入させる接続法を**シンク接続**と呼んでいます。これに対して，出力トランジスタがON状態になったとき，動作電流を出力トランジスタ側から出して負荷側へ流入させる接続法もあります。これを**ソース接続**といいます。図4.6に出力機器のシンク接続とソース接続の例を示しました。

（a）のシンク接続では，シーケンサ側の出力トランジスタ（Tr）がnpnタイプであり，負荷の動作電流 i はOUT端子を通ってシーケンサの出力回路へ流入します。（b）のソース接続では，シーケンサ側の出力トランジスタTrがpnpタイプであり，負荷の動作電流 i はシーケンサのOUT端子から流出します。

図4.6の例では，出力トランジスタをnpnタイプとpnpタイプに使い分けて，シンク接続とソース接続ができるようになっていますが，MOS形トランジスタを使ったシンク/ソース接続両用のトランジスタ出力もあります。MOS形のトランジスタは，ON状態になってトランジスタに電流が流れたとき，ここで発生する電圧降下が小さい特長があり，比較的大きな電流を流す場合に有利です。

(3) トライアック出力タイプとの接続

図4.7にトライアック出力タイプの仕様例と接続例を示しました。この出力回路に接続できるのは，AC仕様の機器だけです。仕様項目2の最大開閉能力とは，このトライアックで作動させることができる出力機器（負荷）の電圧を指しています。この例では，AC 85 〜 250 Vの範囲で使用する機器なら接続することが可能です。項目3の最小開閉能力とは，このトライアックを正常動作させるために，負荷電流としてトライアックに流さなければならない"最小限の電流"のことです。

この仕様例では，AC 200 Vで使うときはトライアックに20 mA以上，AC 100 Vで使用するときなら10 mA以上流れなければなりません。もし，シーケンサの出力信号をON状態にしても，AC 100 Vで使用する機器に負荷電流が10 mA以上（ただし1 A以上流してはいけない：項目4）流れない（**小容量負荷**という）場合には，図中で示したようなブリーダ抵抗を接続し，最小負荷電流の不足分をブリーダ抵抗を流れる電流によって補います。このような小容量負荷対策を行うことにより，シーケンサの出力回路のトライアックには，負荷（SOL）電流とブリーダ抵抗を流れる電流を合算した電流が流れます。その他の項目は，すでに説明したのと同じ内容です。

4.2 第4章のトライアル

(1) 次の文章の①～④に適する語句を入れ，文章を完成させてください。
- シーケンサの出力回路の形式（タイプ）には，次の3種類があります。

　　① 出力タイプは，直流電源で動作させる機器は接続できますが，交流電源で動作させる機器は接続できません。

　　② 出力タイプには，直流電源で動作させる機器と交流電源で動作させる機器の両方が接続できますが，出力機器を高い頻度でON/OFFさせる場合には不向きです。

　　③ 出力タイプは，交流電源で動作させる機器だけを接続することができます。

- シーケンサの出力信号で容量の大きいモータなどの負荷をON/OFFするときには，出力信号をパワーリレーや ④ で中継し，その主接点で行うのが一般的ですが，パワーSSRで直接駆動することもできます。

(2) 図4.8で示したように，トランジスタ出力タイプとリレー接点出力タイプのシーケンサ出力回路があります。〈記号群〉から適当な外部出力電源と出力機器を選定し，必要な"結線"を行い，接続回路図(a)と(b)を完成させてください。なお，LEDは6～10 mAで発光するものとし，出力にはそれぞれ"異なる出力機器"を接続してください。

(3) 図4.9で示したシーケンサを使用して，三相誘導電動機を制御します。入力部のX0に停止用の押しボタンスイッチ，X1に始動用の押しボタンスイッチを接続します。また，出力部には電磁接触器MCとLEDの表示灯を接続します。三相誘導電動機はMCの主接点でON/OFFを行い，運転中は表示灯を点滅（0.5秒間隔程度）させます。〈記号群〉の記号をすべて使用し，シーケンサの入/出力機器接続図を完成させてください。

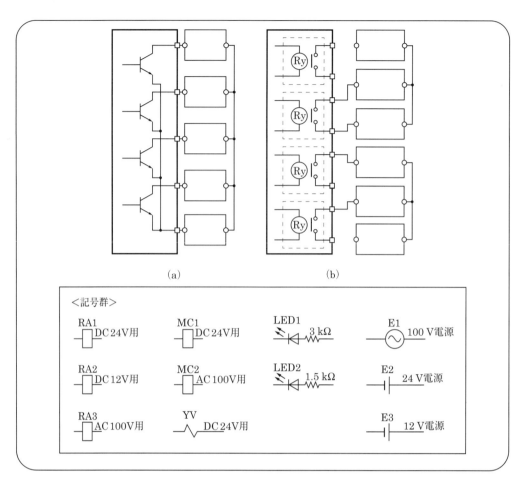

図 4.8

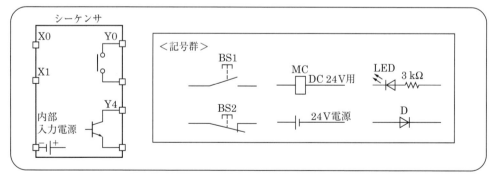

図 4.9 シーケンサの入/出力機器接続図

第5章 入出力機器の割付けと使用上の注意

5.1 入出力の割付け

図5.1はシーケンサの入出力機器接続図で，シーケンサの入力と出力部（ユニット）へ入出力機器を接続するときに使用します。これを見れば，押しボタンスイッチのBS1がシーケンサの入力番

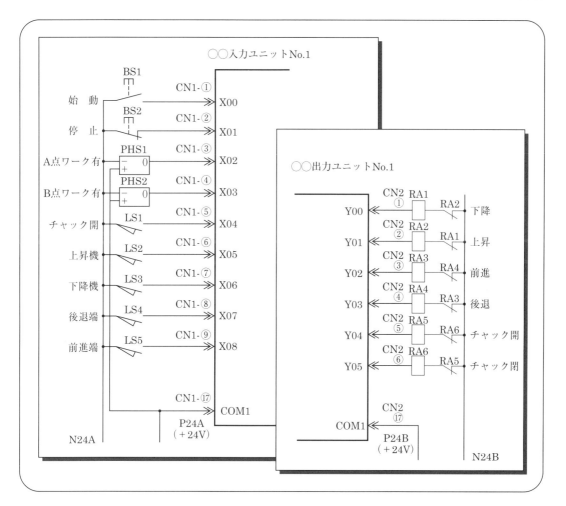

図 5.1　入出力機器の接続図

号X00に接続されることや，下降させるときに動作するリレーRA1がシーケンサの出力番号Y00に接続されているのがすぐにわかります。したがって，プログラムを作成（設計）する場合には，このような図面を参考にして行います。

この例のように制御の規模が小さく，接続される入出力機器の数も少ない場合には，配線作業用の図面とプログラム作成用の図面に共用するのも結構です。しかし，制御規模が大きくなると用途別の図面が見やすくなります。配線作業に使う図面には，電源と信号線の区別，電線の種類と色，線番号，コネクタの番号とピン番号などを細かく記入する必要があります。

プログラムを作成するだけであるなら，BS1が入力番号の何番に，リレーRA1が出力番号の何

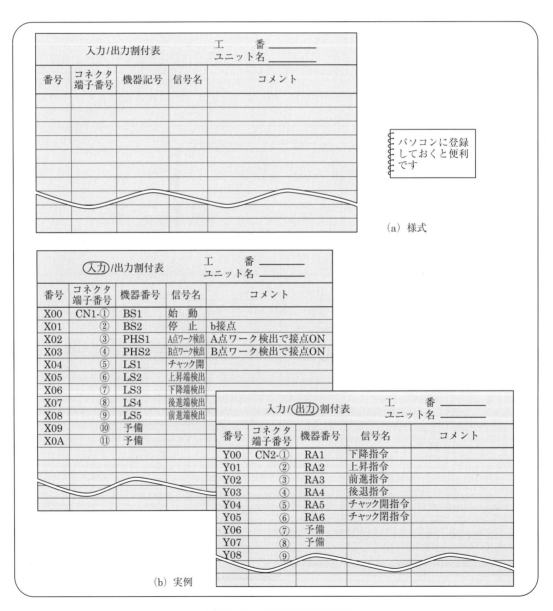

図 5.2　入力割付表と出力割付表

番につながっているかがわかれば，コネクタのピン番号や電源配線の記入などは不要です．

　入出力機器をシーケンサの入出力ユニットや入出力回路のどの番号（端子）に接続するかを決めることを，**入出力の割付け**といい，プログラムを設計するときには，図5.2で示したような**入出力割付表**を作成して使用します．

　入出力の割付表は，図5.2(a)で示したような様式の原紙をつくっておき，必要な枚数だけコピーして使用するか，割付表の様式をパソコンに登録しておき，割付表の作成からプリントまでを一貫して行うと便利です．図5.2(b)で示した入力と出力の割付表は，図5.1で示した入出力機器の接続図に対応したものです．

　割付けは，入出力ユニットや回路が接続する入出力機器に適合していれば，入出力機器をどの入力番号や出力番号に割付けても結構です．しかし，次の点に留意して割付けを行うと，プログラムを設計するときにわかりやすくなるだけではなく，周辺回路のハードウェアを設計するときや，配線・点検作業のときにも役立ちます．

5.1.1　入力の割付法

① 　同じ種類の入力機器はまとめて割付けます．たとえば，同一操作盤上のスイッチ類，機械本体に取り付けられるリミットスイッチ類，トランジスタなどの半導体を用いた光学検出器などは，種類ごとにまとめて割付けます．

② 　制御ブロックあるいは工程ブロックごとにまとめます．たとえば，搬入工程→加工工程→搬出工程がある場合，各工程のブロックに関係している入力信号や機器をまとめて割付けます．

③ 　接続する入力機器とシーケンサ側の入力回路の接続仕様が適合しないときには，外部回路（インタフェース回路）を製作して接続することを検討します．外部の回路で信号レベルを変換して中継処理することは，入力点数の総数を増加させないで，適合入力回路の不足を補う一つの方法です．

④ 　予備の入力は，設計変更や修正に備えて必ず何点かは準備しておく必要があります．予備の入力を割付ける場合には，1つの入力ユニットに集中させないで，入力ユニットごとや工程ブロック内でふり分けるようにします．これは，ある工程に関係する入力機器をあとで追加する際，予備があればこれを使うことによって，工程ごとに整理されている割付けの形態を乱さなくするためです．

5.1.2　出力の割付法

出力機器の割付けは，入力機器の割付法と基本的には同じです．

① 　種類ごとに分類します．たとえば，リレーと電磁接触器，ソレノイドコイル，表示灯など，機器の種類ごとに分類して割付けます．特に，接続する外部機器が他の機器に影響を及ぼさないように配慮して，割付けることが大切です．

② 　工程と関連する機器でまとめます．たとえば，上昇と下降，前進と後退，正転と逆転，開放と閉，始動（起動）と停止というように，互いに関連する機器は連続した番号で割付けておくとわかりやすい．

③ 　出力機器とシーケンサの出力回路が，適用電圧の種類や大きさで適合しない場合には，外部

で対策をします。外部の回路で電力増幅やレベル変換を行えば，出力点数の総数を増やさないで，異種・異電圧の出力機器を接続することができます。

④ 予備出力のふり分けについては，予備入力の考え方とまったく同じです。出力ユニットごとに分散したり，あとで追加する場合に，工程ブロック内でふり分けられるようにしておきます。

5.2 使用上の注意と対策

入出力部の誤動作による信頼性と安全性の低下防止対策は，シーケンスプログラム側でもとっておかなければなりませんが，まずは，入力信号を正確に入力し，シーケンサの出力信号を外部の出力機器へ確実に伝えて作動させることが肝心です。

5.2.1 入力部の問題点と対策

シーケンサの入力部で重要なことは，入力機器を接続したときに発生する誤動作の原因を除去し，入力機器の状態を確実に入力して，シーケンサの内部へ伝達することです。シーケンサ入力部の誤作動の原因はいろいろありますが，ここでは入力機器のノイズ対策，誘導電圧対策，接触不良対策，漏れ電流対策を取り上げます。

(1) ノイズ対策

シーケンサの内部は5Vの低い電圧と十数MHz以上の高い周波数でディジタル動作をしており，大きなノイズの侵入によって誤動作することもあります。

入力機器とシーケンサの入力部を接続する電線間に発生するノイズ(**ノーマルモードノイズ**)は，入力回路側のフィルタで減衰されるため，問題になることはありません。これに対して，大地と入力信号間のノイズ(**コモンモードノイズ**)は，シーケンサの内部回路の基準電位を急激に変化させて誤作動の原因になります。対策は図5.3(1)のように接地端子を専用の接地線(**D種接地**)へ接続することです。不適当な接地線や感電事故を防ぐための"保安用の接地線"に接続すると，かえって悪影響を受けることがあり，接地をしないほうがよい場合もあります。通常，接地用の端子とし

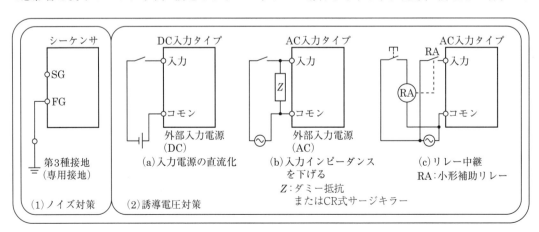

図5.3 入力のノイズと誘導電圧対策

てFG端子がありますが,超小型のシーケンサでは接地端子のないものもあります。FG端子は,シーケンサが内部で使用する直流電源(5Vなど)のノイズフィルタの接地端子です。SG端子は直流電源の0V側の端子ですが,この端子は通常は接地しません。

(2) 誘導電圧対策

誘導電圧の発生原因はいくつかありますが,入力信号線と動力(電力)線などの大電流線との磁気的結合によって発生することが多いようです。誘導電圧に対してはDC用の入力回路が有利であり,入力機器が接点の場合にはDC電源を使う**DC入力回路**を採用します(図5.3(2)(a))。どうしても交流電源で使用しなければならない場合は,ダミー抵抗やCR式のサージキラーを挿入して,入力インピーダンスを低くして誘導電圧を小さくします(図5.3(2)(b))。特に,AC入力機器を長距離配線したり大電流線と接近して配線しなければならない場合は,コイル容量が1VA以上のリレーで中継します(図5.3(2)(c))。

(3) 接触不良対策

シーケンサの本体部は,機械的接点のないエレクトロニクス機器であり,シーケンサの入出力部と入出力機器を無接点化すれば,シーケンサシステム全体の寿命が長くなり,信頼性も向上します。寿命や信頼性の観点からは,できるだけ機械的な接点入力は避けたいわけですが,リミットスイッチや押しボタンスイッチなどをすべて無接点化するのは,価格や使いやすさの点からも現実的ではありません。そこで,接点入力の信頼性を高めるための対策が必要になります。

接触信頼性は,接点への印加電圧が高いほどよいのですが,入力回路側の関係からも入力電圧をむやみに高くすることはできません。DC 12Vや24V程度の低電圧で接点入力機器を使用する場合には,接点が金接点などの微小電流用の機器を選定します。大電流用の強電接点(電磁開閉器の主接点など)による入力は絶対に避けるべきで,設備や機器が新しい間はよいかも知れませんが,古くなったときに,接点の接触不良によるトラブルが多発するおそれがあります。

強電用接点から信号を入力する場合は,強電用接点で微小電流用の接点をもつ中継リレーを動作させ,中継リレーの接点をシーケンサの入力へ接続します。

(4) 漏れ電流対策

入力機器を接続したとき,その接点がOFF状態に開放されているにもかかわらず,接点に挿入した保護素子などによって,わずかな漏れ電流がシーケンサの入力端子に流れて,入力回路が誤動

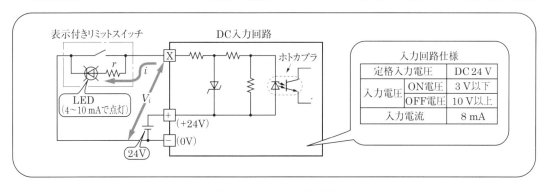

図5.4　DC入力の漏れ電流

作することがあります。

図5.4は，DC入力機器の接点と並列に接続したLED（light emitting diode）の表示回路によって，漏れ電流 i が流れる例です。この場合，漏れ電流によって入力回路側のホトカプラが作動するようであれば，何らかの処置をしない限り，このままでは使用できません。漏れ電流が流れても，入力回路仕様で示されている入力電圧や電流の値が規定値内であればよいわけです。

図5.4で示したシーケンサの入力回路では，リミットスイッチにLED表示回路がついていない場合，リミットスイッチが"OFF状態"ではシーケンサの入力電圧 V_i（電源の（−）端子と入力端子（X）間の電圧）は"＋24V"，リミットスイッチが"ON状態"ではシーケンサの入力電圧 V_i は"0V"となります。つまり，シーケンサの入力電圧が低いときにシーケンサの入力信号はON状態となります。

一方，図5.4のようにリミットスイッチにLED表示回路がついている場合，リミットスイッチがOFFのときにLEDが点灯しますが，このときシーケンサの入力電圧 V_i は＋24Vより低くなります。この低くなった入力電圧 V_i が小さすぎると，リミットスイッチがOFFにもかかわらず，シーケンサの入力信号はON状態（ホトカプラが作動）になってしまいます。すなわち，LEDを発光させたときの漏れ電流によって，シーケンサの入力信号が常時ONとなってしまい，シーケンサの入力回路が誤作動します。

V_i がいくらまで小さくなれば誤作動するかは，入力回路仕様を見ればすぐにわかります。この入力回路では，リミットスイッチがOFFのときに V_i が10V以上でなければ，入力信号がONとなる"誤作動状態"になるおそれがあります。対策としては，リミットスイッチがOFFでLEDが点灯（漏れ電流が流れている）しているとき，シーケンサの入力電圧 V_i があまり低くならないように，入力端子（X）と電源の（＋）端子間に抵抗を接続します。それでは実際に対策例を説明しましょう。

図5.5は，図5.4で示した入力回路の漏れ電流対策の例ですが，この図では入力回路の"入力端子（X）"と"（＋）端子"間の抵抗値を Z_i で示してあります。また，入力回路仕様をみると，この入力回路はDC24Vの入力電源（定格入力電圧）で使用するとき，入力電圧 V_i が3V以下で入力信号がON，V_i が10V以上で入力信号がOFFになることを説明しています。さらに，入力信号がONのときの入力電流が8mAであることもわかります。

まず最初に，何の処置もしないで，このまま使用できるかどうかを計算してみます。すなわち，

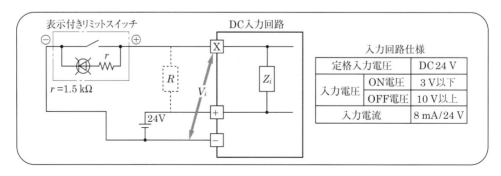

図5.5　DC入力機器の漏れ電流対策

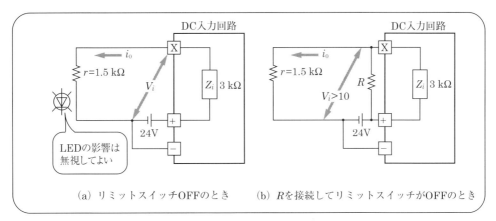

(a) リミットスイッチOFFのとき　　(b) Rを接続してリミットスイッチがOFFのとき

図5.6　i_0とV_iを計算する回路

LED表示回路の抵抗rが1.5 kΩのとき，リミットスイッチがOFFのときにLEDが点灯し，かつ，シーケンサの入力電圧V_iが10 V以上であるかどうかを調べてみます。LEDが点灯してV_iが10 V以上あれば，何の対策もしないでそのまま使用できます。

　計算するためには，シーケンサの入力回路の入力端子(X)と(+)端子間の抵抗値Z_iの値を知る必要があります。入力回路の"入力端子(X)"と"(+)端子"間の抵抗値を入力インピーダンスといいますが，単純な抵抗器と区別するために抵抗記号"R"を使わず，インピーダンスでは"Z"を使います。この入力回路の入力インピーダンスをZ_iとすると，入力回路仕様のデータから，

$$Z_i = \frac{入力電圧}{入力電流} = \frac{24\,\text{V}}{8\,\text{mA}} = 3\,\text{k}\Omega$$

になります。また，リミットスイッチがOFFのときに流れる電流i_0や入力電圧V_iを計算するときには，LED自体の抵抗値や電圧降下は無視できますから，この回路は図5.6(a)のようになります。したがって，この回路に流れる電流i_0は，

$$i_0 = \frac{24\,\text{V}}{r\,[\text{k}\Omega] + Z_i\,[\text{k}\Omega]} = \frac{24}{4.5} = 5.3\,\text{mA}$$

になります。LEDには5.3 mA流れますから，LEDは十分に発光します。次に，シーケンサの入力電圧V_iは，

$$V_i = i_0\,[\text{A}] \times r\,[\Omega] = 0.0053 \times 1\,500 = 7.95\,\text{V}$$

になります。

　V_iが10 V以上ありませんから，この入力電圧では当然入力信号がON状態になるおそれがあります。したがって，入力端子(X)と電源の(+)端子間に抵抗Rを接続する必要があります。

　それでは，接続する抵抗Rの値をいくらにすればよいか，計算してみましょう。Rを接続してリミットスイッチがOFFのときの回路は，図5.6(b)になります。この回路で入力電圧V_iが，$V_i > 10$になるように，抵抗Rの値を計算します。i_0とV_iを計算すると，それぞれ次のようになります。

$$i_0 = \frac{24\,\text{V}}{\dfrac{R \times Z_i}{R + Z_i} + r\,[\Omega]} = \frac{24}{\dfrac{3\,000R}{R + 3\,000} + 1\,500} = \frac{24R + 72\,000}{4\,500R + 4\,500\,000}\,[\text{A}]$$

$$V_i = i_0\,[\text{A}] \times r\,[\Omega] = \frac{24R + 72\,000}{4\,500R + 4\,500\,000} \times 1\,500 = \frac{360R + 1\,080\,000}{45R + 45\,000}\,[\text{V}]$$

したがって,

$$\frac{360R + 1\,080\,000}{45R + 45\,000} > 10$$

を計算すると, $R < 7\,000\,\Omega$ になります.

実際にRの抵抗値を決める場合には余裕が必要ですから, $R = 5\,\text{k}\Omega$ にします. $R = 5\,\text{k}\Omega$ にしたとき, リミットスイッチがOFF状態では, シーケンサの入力信号もOFFになること(V_iが10 V以上になること)は保証されるわけですが, リミットスイッチがONになれば, シーケンサの入力信号もONになるかどうかもチェックしてみましょう.

シーケンサの入力端子(X)と(+)端子間に5 kΩを接続したために, 入力端子(X)から流出する電流が小さくなりすぎると, 図5.4で示した入力回路のホトカプラが作動しなくなるおそれがあります. リミットスイッチがON状態のときの回路は, 図5.7のようになります. この回路をよく観察してみると, 入力端子(X)と(+)端子間に入力電源の24 Vが印加されることがわかります. したがって, わざわざ計算してみるまでもなく, 入力端子(X)から流出する電流i_1は8 mA (24 V/3 kΩ)になります. i_1が8 mAですから, リミットスイッチがONになれば, 入力信号も確実にON状態になります.

以上の結果から, 図5.5の回路で入力端子(X)と電源の(+)端子間に5 kΩの抵抗を接続すれば, リミットスイッチがONになれば入力信号がON状態, リミットスイッチがOFFになれば入力信号がOFF状態になり, シーケンサの入力回路は正常動作します. 最後に, 抵抗Rのワット数を計算してみます.

Rの両端にはリミットスイッチがONしたときに入力電源の電圧24 Vがかかり, Rには最大の電流が流れますが, この電流をi_2とすれば(図5.7), $i_2 = 24/5\,000 = 4.8\,\text{mA}$ になります.

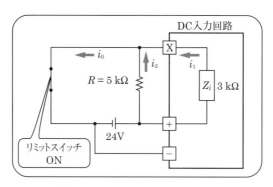

図5.7 リミットスイッチがONのとき

このときの消費電力をWRとすると,

$$WR = V \times i_2 = 24 \times 0.0048 = 0.115 〔W〕$$

になります。通常,抵抗のワット数は余裕をもたせて2〜3倍程度にしますから,実際に採用する抵抗Rは,5 kΩ – 1/4 Wにします。

(5) コモン線の電位上昇対策

図5.8は,シーケンサの制御用電源(入力電源)を共用しているほかの入力機器や,電動器具などから流れてくる電流によって,コモンラインの電位が上昇し,接続している入力機器の出力トランジスタがON状態になっているにもかかわらず,シーケンサの入力回路側では入力信号がOFF状態となって,誤入力が発生しているようすを説明したものです。この事故は実際に遭遇したもので,ビデオカセットの自動組立機のネジ締め用電動ドライバが回転を始めたとき,ときどき発生したものです。ここで使用しているシーケンサの入力回路仕様によると,入力機器の出力トランジスタがON状態になったとき,シーケンサの入力電圧は4V以下になる必要があります。もし,コモン線のⓐ–ⓑ間の抵抗が0.3Ωあるとすれば,電動ドライバに始動電流が12A流れた場合には,この間の電圧V_{ab}は3.6 V(0.3×12)に達します。したがって,トランジスタのⒸ–Ⓔ間が0 Vであっても,これだけでシーケンサの入力信号がON状態となる,限界電圧の4 Vに近づいてしまいます。そのうえ,トランジスタはON状態でもⒸ–Ⓔ間の電圧(V_{CE})は通常0.6 V程度あります。このため,(−)端子と入力端子(X)間の電圧(V_i:入力電圧)は,3.6 + 0.6 = 4.2 Vとなり,ON電圧は4 V以下でなければならないという規格をオーバしてしまいます。したがって,電動ドライバが始動をくり返すときに,"ときどき誤入力事故が発生してもおかしくない状態"になることが理解できます。

この例のような事故を防ぐ対策の第一は,シーケンサが使用する"制御用電源"と,モータなどを駆動する"動力用電源"を別にすることです。共通にすること自体,"電気の常識を逸脱"していると思いますが,どうしても小容量の動力電源用としても共用しなければならない場合には,入力機器と動力回路のコモン線を別々に設けます。これによって,動力機器からの電流による入力機器側のコモン線の電位上昇を,ある程度抑えることができます。

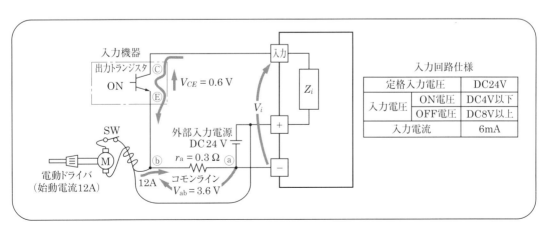

図5.8 コモン線の電位上昇

なお，コモンラインの電位上昇による誤動作は，シーケンサの入力回路だけの問題ではなく，出力部や他の電子機器や回路でも注意しなければならないことです。現在市販されているシーケンサは，耐ノイズ性や信号のマージン（裕度）が大きく，電気の常識を大きく逸脱しない限りトラブルになりにくくなっています。このため無神経な取扱いがされがちですが，装置の信頼性の上からも注意しなければならないことです。

5.2.2 出力部の問題点と対策

シーケンサの出力部で重要なことは，出力機器と出力回路の保護，および制御装置の信頼性と安全をおびやかす誤動作の防止とその対策です。具体的には，接点出力回路の保護，トランジスタとトライアック出力回路の過電圧，過電流の問題などがあります。

(1) リレー接点出力回路の保護

ここでは，第4章の図4.4で示したリレー出力タイプの「仕様内容」から，**定格負荷電圧**，**最大印加電圧**，**最大負荷電流**を取り上げ，出力リレーの接点保護を説明します。

リレー接点出力回路の場合，これらの内容はここに使われている出力リレーの"接点部の電気仕様"そのものです。リレーの電気的な規定については，操作コイルと開閉部の接点に関するものがありますが，開閉部の接点項目は，リレーの仕様書で接点の"最大負荷定格"として説明されているものと同じです。

定格負荷電圧と最大印加電圧で注意しなければならないのは，使用する電源が交流（AC）であるか直流（DC）であるかによって，著しく違うことです。これは，図4.4の仕様を見ればよくわかります。AC電圧に比べて，DC電圧は非常に低い電圧になっています。理由は，直流電源回路の電圧と電流は，交流のように周期的にゼロにならないため，回路をスイッチなどで切断する際に大きな火花（スパーク）が発生します。このため接点の消耗がはげしく，最悪の場合には接点が溶着して，離れなくなることもあります。図5.9に接点保護回路の代表例を示してあります。接点の寿命は，保護回路（素子）があるかないかによって大きく違ってきます。また，負荷側にも過電圧対策をとれば，大きな効果が期待できますが，頻繁に最大印加電圧を超えたり最大負荷電流以上を流して使用すれば，接点の寿命を極端に縮めるので注意が必要です。

最大負荷電流については，次の点に注意を払う必要があります。"1点2A"の意味は，出力がONになったときにこの接点に流すことができる許容電流のことであって，それぞれの接点で安全・確実に開閉（ON/OFF）できる電流のことではありません。

リレーの接点で開閉できる負荷電流の大きさは，負荷の種類と使用する電圧によって大きく異なります。電磁ソレノイドや電磁ブレーキ，電磁開閉器のような**誘導性負荷（コイル）**，コンデンサのような**容量性負荷**を開閉する場合には，開閉できる負荷電流は電熱線のような**抵抗性負荷**に比べて著しく小さくなります。

(2) 出力機器の動作遅れ

① トライアック出力の応答遅れ　　第4章の図4.7で示したトライアック出力タイプの仕様例では，OFF→ONとON→OFFの応答時間が示されていますが，これについてもう少し説明して

方式	回路例	適用 AC	適用 DC	特長と注意事項	素子の選び方
CR方式	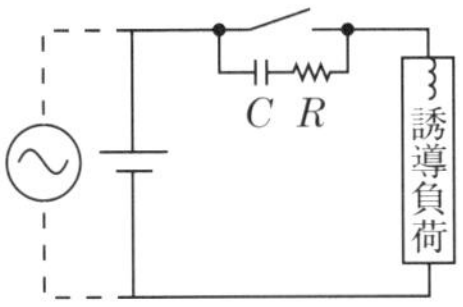 (回路図：電源—スイッチ—CR並列—誘導負荷、CRは接点と並列)	▲	○	▲ AC電圧で使用する場合負荷のインピーダンスがCRのインピーダンスより十分小さいこと（もれ電流によって誤動作することがある）。 ● 負荷がリレー，ソレノイドなどの場合は復帰時間が遅れる。 ● 電源電圧が24V，48Vの場合は負荷側だけでもよいが，100～200Vの場合には接点側にも挿入すると効果的である。	▲ C, Rの目安としては， C：接点電流1Aに対して 1～0.5μF R：接点電圧1Vに対して 0.5～1Ω であるが，負荷の性質や特性のバラツキにより必ずしも一致しない。 ● Cは接点開離時の放電抑制効果を受けもち，Rは次回投入時の電流制限の役割をもつ。 ● Cの耐圧には十分注意（一般に200～300V用を使用する）。 ● ACの場合には，AC用コンデンサ（極性なし）を用いること。
	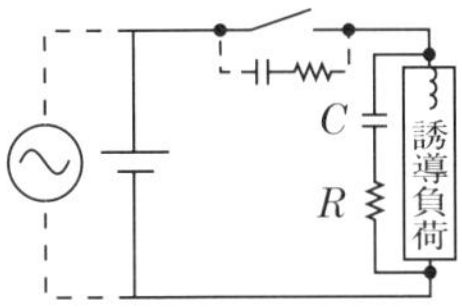 (回路図：電源—スイッチ—誘導負荷とCR直列が並列)	○	○		
ダイオード方式	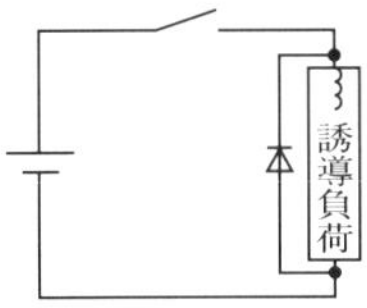 (回路図：直流電源—スイッチ—誘導負荷にダイオード並列)	×	○	● コイルに貯えられたエネルギーを並列ダイオードによって電流の形でコイルに流し，誘導負荷の抵抗分でジュール熱として消費させる。 ● 復帰時間はCR方式より遅い。	● ダイオードは逆耐電圧が回路電圧の10倍以上のもので，順方向電流は負荷電流以上のものを使うこと。
ダイオード＋ツェナーダイオード方式	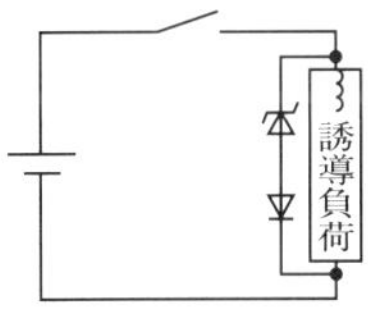 (回路図：直流電源—スイッチ—誘導負荷にダイオードとツェナーダイオード並列)	×	○	● ダイオード方式では復帰時間が遅すぎる場合に使用すると復帰時間が改善される。	● ツェナーダイオードのツェナー電圧は，電源電圧程度のものを使用する。
バリスタ方式	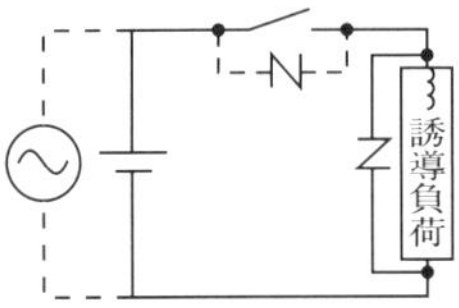 (回路図：電源—スイッチ—誘導負荷にバリスタ並列，接点間にもバリスタ)	○	○	● バリスタの定電圧特性を利用して，接点間に高い電圧が加わらないようにする。 ● 復帰時間は多少遅れる。 ● 電流電圧が24V，48Vの場合は負荷側だけでもよいが，100～200Vの場合には接点間にも挿入すると効果的。	

図5.9 接点保護回路の代表例

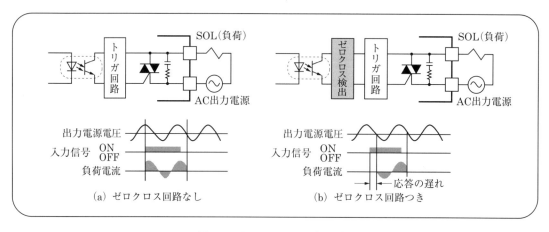

図 5.10　トライアック回路の応答

おきます．図5.10にトライアック回路を2つ示しましたが，(a)の回路は，ホトカプラの発光ダイオードがONすれば出力電源電圧の位相に関係なく，直ちにトリガ回路が動作して負荷に電流が流れます．これに対して(b)では，トリガ回路をコントロールする"ゼロクロス回路"がついています．ゼロクロス回路では，ホトカプラの発光ダイオードがONになって，出力電源電圧が0Vの位相になったときに，初めてトリガ回路を作動させます．このため，ホトカプラが作動(ON)してから，電源電圧が0Vの位相になるまでの時間遅れが生じます．電源の周波数が50Hzの場合，1/2サイクルは10msですから，ホトカプラがONになってもトライアックがOFF→ONになるまでに，最大で10ms遅れることになります．図4.7の仕様では，1.5ms以下の応答遅れになっていますから，この回路にはゼロクロス回路はついていないことがわかります．ホトカプラがONからOFFになって，負荷電流を遮断するときの遅れは，ゼロクロス回路があってもなくても同じです．トライアックは，電源電圧が0Vになる位相になったとき，負荷電流が遮断されるからです．したがって，ホトカプラがOFFになってから負荷電流が遮断されるまでの時間遅れは，最大で電源周波数の1/2サイクル時間となります．

　トライアック出力に接続するのは，サージ電圧が発生しやすい誘導負荷が多いが，出力回路にゼロクロス回路がついている場合には，出力電源電圧が0Vの位相になったときに負荷への電源投入が行われるため，電源投入時に負荷や電源に与えるショックが小さく，他部署へ及ぼす影響も少なくなります．ただ，シーケンサのトライアック出力にゼロクロス回路が組み込まれているものは少ない．

② DC出力機器の動作遅れ　電磁弁，電磁クラッチ，電磁ブレーキなどでは，作動コイルの時定数(L/r)が大きい場合，出力トランジスタがONからOFFになっても，コイルの逆起電力によって電流(I_R)が流れます．これが原因で電磁弁の開閉，クラッチやブレーキの動作が遅れることがあります．この対策は，図5.11(a)のように負荷の両端に放電抵抗Rを接続し，トランジスタがONからOFFになったときに発生する逆起電力を，この抵抗で放電させます．

　放電抵抗をつけても，まだ時間遅れが問題になる場合には，図5.11(b)のようにリレーで中継して負荷の開閉を行います．中継用リレーの接点容量は，負荷を開閉するのに十分余裕があるもので

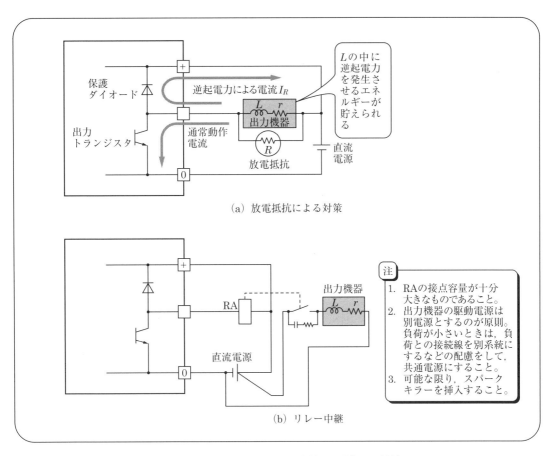

図5.11 直流駆動による出力機器の動作遅れ対策

なければなりません。

(3) 出力機器の同時ON

図5.12は2つの電磁開閉器で、モータの可逆運転を行う例です。この回路で正転指令から逆転指令、あるいは逆転指令から正転指令へ切り換えたとき、MC1とMC2の操作コイルには、最大で1/2サイクル間は同時に電流が流れます。これによって、MC1とMC2の主回路の接点が、一瞬ではあるがともにON状態となるおそれがあるうえ、接点で発生するアークによって電源の相間短絡を起こす可能性があります。このようなトラブルの防止対策として、次のような処置を行います。

① シーケンスプログラムで、十分な切り換え時間（たとえば0.2秒程度）をとる。

② 電磁開閉器の補助接点を利用して、電磁開閉器のコイル側で相互インターロックを行う。

③ OCR（over current relay）やサーマルリレー（ThR：thermal relay）などで負荷側の異常検出を行う場合には、異常時にシーケンサから動作指令が出されても、電磁開閉器が作動しない回路にしておく（図5.12のThR部）。

④ 可逆回路に使用する電磁開閉器は、機械的インターロックつきを採用する。

なお、図5.12の例はシーケンサの出力回路がトライアックになっていますが、リレー出力の場合にも接点の動作時間の差異によって、同様な現象が起こることがあり、同じ対策（相互インター

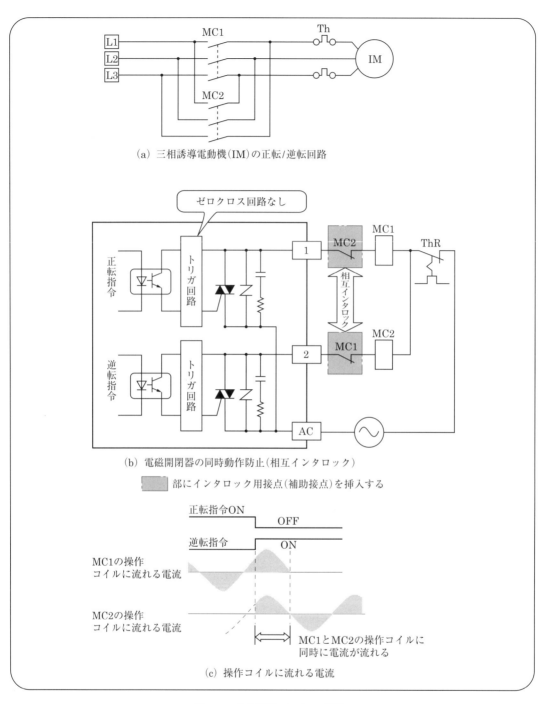

図 5.12　出力機器の同時ON対策

ロックや切り換え時間の確保など）が必要になります。

5.2.3　シーケンサシステムの電源対策

　シーケンサは制御する機械本体や装置そのものの中に組み込まれるのが一般的で，制御盤が別置

される場合でも，ノイズなどの電気的環境はよくありません。これは，機械本体には駆動モータなどの"動力線"がシーケンサのすぐ近くを通っていたり，制御盤内には大きなノイズを発生させる電磁開閉器などがいっしょに収納されているからです。

シーケンサの誤動作を防止するためには，シーケンサの一般仕様の中で示されている"耐ノイズ性"や"電源電圧"などについて，悪い環境をできるだけつくらないようにすることですが，このために大電流を流さないようにしたり，ノイズの発生源となる電磁開閉器などの電磁器具を取り除くことは，大変難しいことです。したがって，悪い環境や状態をシーケンサの中までもち込まないようにすることが対策の1つになります。

シーケンサへ供給する交流電源は，特別な"制御用交流電源"を用意しなければならないことはほとんどありませんが，図5.13で示したように，シーケンサの基本部（シーケンサ用直流電源）へ供給する交流電源は，トランスで主回路（動力回路）と分離するだけでなく，入出力機器用の電源とも分離しておいたほうがよい。特に，大きな電流を入/切するソレノイドコイルや，サイリスタで駆動するAC機器が接続される場合には，この必要があります。また，電源の主回路に大容量のモータが接続されていたり，近くで電気溶接機が使用されている場所へ設置するときには，特別な配慮や対策をとらなければならないこともあります。

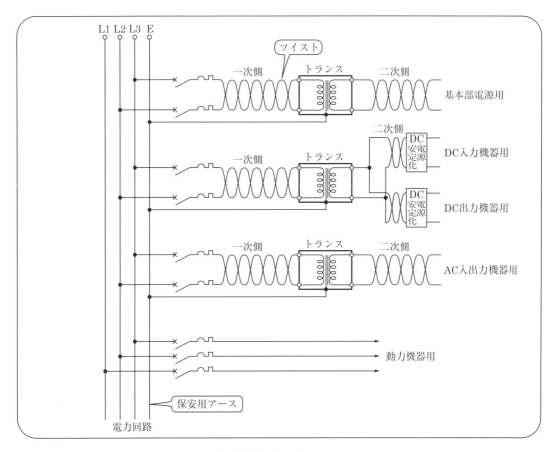

図5.13　電源供給回路例

図5.13は，モータなどの動力機器が接続されている主回路から，シーケンサの関連装置に電源を供給する場合の一例です。入出力機器用の直流安定化電源への交流電源供給は，基本部へ供給する電源トランスと共用するなど，状況に応じて構成を簡素化することも可能です。逆にノイズ環境が悪い場合には，フィルタの追加が必要になります。なお，電源トランスの容量は，十分に余裕のあるものを使用することが大切です。

　ノイズに対する対策は，電源回路の構成だけで解決できるものではなく，装置を製作するときの配線方法にも注意を払う必要があります。電源部の配線にあたっては，図5.13で示したようにトランスの一次側と二次側を分離してツイストを行い，絶対にいっしょに束線しないように注意します。

　電源電圧の変動が許容範囲を超えたり，瞬時停電（瞬停）が10 ms以上継続するおそれがある場合には，制御用の交流安定化電源を用意したり，安定している別の電源回路から供給するなどの対策が必要になってきます。電源電圧の許容範囲は，AC85～250 Vのシーケンサが多くなり，一般的には交流電源の電圧が85 V以下にまで降下することはあまりないと思われます。

　接地については，通常D種の接地を行います。**D種接地**とは，通常，電源電圧が300 V以下で使用する機器に対して行われる接地で，接地抵抗が100 Ω以下となる，比較的簡単な接地です。図5.13で示したような**動力用の接地線**は，保安目的（保安アース）の接地線であり，このような接地線には強力なノイズが乗っていることが多く，ノイズ対策の点では"シーケンサの接地端子"を接続しないようにします。信号用の接地線であっても，シーケンサの接地端子を接続すると，かえって悪い結果になることもあり，接続してみて状態が改善されなかったり悪くなる場合には，当然その接地線をはずす必要があります。理想は，**ノイズ防止用のアース**（接地線）を設けて，これに接続することです。

　以上，シーケンサへ供給する交流電源回路の構成方法と，配線をするときの要点を述べましたが，電源回路や電源のことはシーケンサのプログラムテクニックなどに比べて，非常に地味な問題です。このため，軽視されたり見落されやすいのですが，電源の不都合がシーケンサシステム全体に重大な結果と影響を及ぼすことは明白です。

5.3 第5章のトライアル

(1) 次の文章の①〜⑫に最も適する語句を入れ，文章を完成させてください。

〈文章〉

- シーケンサに接続される入力機器の数を ① ，出力機器の数を ② といい，両方を合わせて ③ あるいは ④ と呼んでいます。
- 入出力機器をシーケンサの入/出力ユニットや入/出力回路のどの番号（端子）に接続するかを決めることを ⑤ といいます。
- モータの可逆運転を行う場合には，正転指令と ⑥ が同時に出ないようにする対策を ⑦ といいます。
- リレー接点を保護する場合には，バリスタやCRを使った ⑧ を接点間に接続します。
- 保護素子が組み込まれていないトランジスタ出力回路でリレーを駆動させる場合には，ダイオードなどの素子を ⑨ と並列に接続して，出力トランジスタを保護します。
- ⑩ 付きのシーケンサの出力回路には，出力信号が ⑪ のときにもわずかな ⑫ が負荷に流れます。

第6章 シーケンサのプログラム（基礎1）

本章では，シーケンス制御のメインテーマに移ります。シーケンス制御もコンピュータと同じで，シーケンサがもっている能力を最大に発揮させ，どこまでシーケンサの価値を高められるかは，私たちユーザが作成するプログラムのできばえ次第です。本章は，プログラムを作成するときの基礎となる**シーケンサの命令**，プログラムを構成する**基本回路**と**重要な回路**について勉強します。

6.1 プログラム言語

シーケンサのプログラムを書くときには，コンピュータと同様に**プログラム言語**を使います。シーケンサのプログラム言語には，ANDやNOTなどを使って記述する方法（**ニーモニック言語**）などいろいろありますが，リレー回路の接点とコイルの図記号に似せたシンボルを使って表現する，"リレーラダー図"が最も一般的で普及しています。これらについては，第2章の2.3節でも少し説明しましたが，もう一度説明しておきましょう。

図6.1はリレー回路とシーケンサのプログラム回路を比較したものです。(a)のリレー回路（展開接続図）では，押しボタンスイッチBS1とBS2を押せばリレーRA1が作動して，表示ランプSL1が点灯します。また，BS1とBS2を押したままにして，さらにBS3またはBS4を押した場合には，RA2が作動して表示ランプSL2も点灯します。(b)はシーケンサのプログラムで，**リレーラダー図言語**と**ニーモニック言語**の2つの方式で示してあります。

シーケンサの入出力接続図で示したように，シーケンサの入力部にBS1～BS4，出力部にSL1とSL2が接続されているとき，(b)で示した2つのプログラムはいずれも，(a)のリレー回路とまったく同じ動作結果が得られます。すなわち，シーケンサの入出力接続図で示した押しボタンスイッチBS1とBS2を押せば，表示ランプSL1が点灯します。また，BS1とBS2を押したままにして，さらにBS3またはBS4を押した場合には，表示ランプSL2も点灯します。

ここで，(a)のリレー回路と(b)のリレーラダー図言語方式のプログラムの描き方を比較してみます。(a)のリレー回路と(b)のシーケンサのプログラムには，それぞれ対応する部分に(1)～(4)の番号をつけてありますから，参考にして見比べてください。(a)のリレー回路と(b)のリレーラダー図言語方式の違いは，a接点の図記号が ─ノ─ から ─┤├─ へ，コイルの図記号が ─☐─ から ─○─ になっているだけで，リレー回路とリレーラダー図の描き方はまったく同じです。このため，

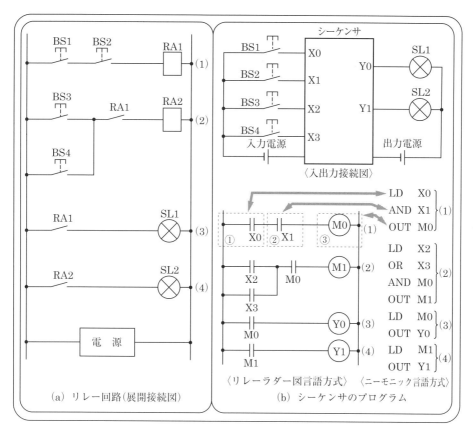

図 6.1 リレー回路の展開接続図とシーケンサのプログラム

　リレーラダー図言語方式のプログラムの一部や全体を"回路"と呼ぶこともありますが，リレー回路の展開接続図と混同しないようにしてください．また，リレーラダー図方式でシーケンサのプログラムを作成することを**回路設計**とか**ソフト（ウェア）設計**と呼ぶこともあります．

　次に，リレーラダー図言語方式とニーモニック言語方式のプログラムをみてください．プログラムの(1)の部分について，リレーラダー図の①〜③の部分に対応するニーモニックの命令語を矢印で示してあります．これをみると，リレーラダー図の(1)の部分（回路）がLD，AND，OUTの3つの命令語で構成されているのがわかります．これらはシーケンサの命令語ですが，シーケンスプログラムをつくる場合には，リレーラダー図言語方式でつくれば，それぞれの命令語への変換からシーケンサへのプログラム格納まで，すべてプログラミングツールがやってくれます．

　したがって，現在利用されているプログラム言語の主流は，リレーラダー図言語方式（リレーラダー図という）であり，ニーモニック言語方式でプログラムを作成することはほとんどありません．本書でも，プログラムを設計したり説明するときには，"リレーラダー図"で行います．

　シーケンサの命令語や機能あるいはプログラムの動作を説明するときには，ニーモニック言語方式も使うことにしますが，これはあくまでも説明のためであって，プログラムの設計は"リレーラダー図"で行います．

6.2 シーケンサの基本命令とプログラムの基本回路

シーケンサの命令は，シーケンス命令，基本命令，応用命令などに分類されますが，命令の総数はシーケンサの規模によって，数十程度のものから数百以上のものまであります。ここでは，どんな規模のシーケンサにも使えるようになっている，**シーケンス命令**について説明します。シーケンス命令にどんな命令が含まれているかは，シーケンサメーカによって違うし，同じメーカのシーケンサであってもシリーズや機種によっても異なります。一例として，図6.2にMELSEC-Aシリーズ(三菱電機)のシーケンス命令を示しました。

6.2.1 シーケンサの基本命令

図6.2には22個の命令がありますが，これらの命令が全部使用できなければ，シーケンス制御が行えないということではありません。リレーだけで行っていた単純なシーケンス制御なら，22個のうちの10個もあれば十分です。反面，シーケンサメーカや機種が違っても，絶対になければならない基本的な命令があります。たとえば，AND，OR，OUTなどの命令がなければ，どんなに単純で簡単なシーケンス制御であっても，プログラムを作成することができません。

ここで説明する基本的な命令は，"命令記号(命令のニーモニック記号)"が異なっていても，どのメーカのシーケンサにも必ず用意されている命令です。

(1) LD，LDI命令

処理内容に"論理演算開始"と説明してあるように，シーケンサのマイクロプロセッサに処理(演算)を開始させる命令です。

命令記号	シンボル	処理(演算)内容	命令記号	シンボル	処理(演算)内容
LD	─┤├─	論理演算開始(a接点演算開始)	NOP	─	無処理 プログラムの抹消またはスペース用
LDI	─┤/├─	論理否定演算開始(b接点演算開始)	END	─	ステップ0へのリターン プログラムの最終に必ず書き込む
AND	─┤├─	論理積(a接点直列接続)	MC	─[MC n D]─	マスタコントロール開始
ANI	─┤/├─	論理積否定(b接点直列接続)	MCR	─[MCR n]─	マスタコントロール解除
OR	┤├	論理和(a接点並列接続)	PLS	─[PLS D]─	入力信号の立ち上り時にプログラム1周分のパルスを発生する
ORI	┤/├	論理和否定(b接点並列接続)	PLF	─[PLF D]─	入力信号の立ち下り時にプログラム1周分のパルスを発生する
ANB	┈┤├┈┤├┈	論理ブロック間のAND (ブロック間の直列接続)	SFT	─[SFT D]─	デバイスの1ビットシフト
ORB	┈┤├┈┤├┈	論理ブロック間のOR (ブロック間の並列接続)	SFTP	─[SFTP D]─	
OUT	─◯─	デバイスの出力	MPS	─┤├─◯	演算結果の記憶
SET	─[SET D]─	デバイスのセット	MRD	MPS, MRD	MPSで記憶した演算結果の読み出し
RST	─[RST D]─	デバイスのリセット	MPP	MPP	MPSで記憶した演算結果の読み出しとリセット

図6.2 シーケンス命令

シーケンサがプログラムを処理（演算処理の実行）する場合，リレーラダー図の最初の回路から最後の回路までを順番に処理していきますが，演算処理は1つの回路ごとに行います。1つの回路とは，入力側母線に接続されている接点から出力側母線に接続されているコイルまでのことです。たとえば，図6.1(b)で示したリレーラダー図が全体のプログラムとすれば，このプログラムは(1)〜(4)までの4つの回路でできています。

　LDやLDI命令は，このような1つの回路の演算処理を開始させる命令であり，プログラム全体の演算処理を開始させる命令ではありません。これは，図6.1(b)で示したニーモニック言語で，LD命令が4回使われていることからでもわかります。

　図6.3にプログラム（リレーラダー図）例と命令の処理内容を説明しました。

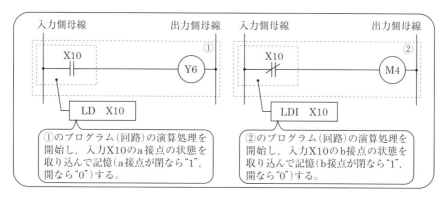

図6.3　LD，LDI命令

　回路①で「LD　X10」が実行されると，この回路の論理演算処理が開始され，入力X10の"a接点の状態"がシーケンサへ読み込まれて内部に記憶されます。a接点が閉なら"1"，開なら"0"が記憶されます。回路②では，「LDI　X10」が実行されると，この回路の論理演算処理が開始され，入力X10の"b接点の状態"が読み込まれて記憶されます。b接点が閉なら"1"，開なら"0"が記憶されます。

　ところで，a接点が閉（"1"）のときはb接点は開（"0"），a接点が開（"0"）のときはb接点は閉（"1"）になっています。したがって，b接点の状態を読み込むことは，"a接点の状態を反転"させて読み込んでいることになります。a接点の状態を読み込む命令のLDはloadですが，b接点の状態を読み込む命令LDIの"I"がInverseであることからも，リレーラダー図のb接点は"信号の反転"を意味することが理解できます。なお，1つの回路をいくつかに分割して処理（演算）をしなければならない場合があり，分割された回路で最初に処理する接点は，LDあるいはLDI命令で記述します。これについては，ANBとORB命令のところで説明します。

(2)　AND，ANI，ANB命令

　これらの命令の機能は，接点や接点ブロックを"直列に接続"することで，シーケンサのプログラムでは論理積（AND）の演算処理を実行します。ANDは"a接点"を"直列"に接続する命令，ANIは"b接点"を"直列"に接続する命令です。ANBは，複数の接点がつながった接点ブロックを直列に結合（接続）する命令です。

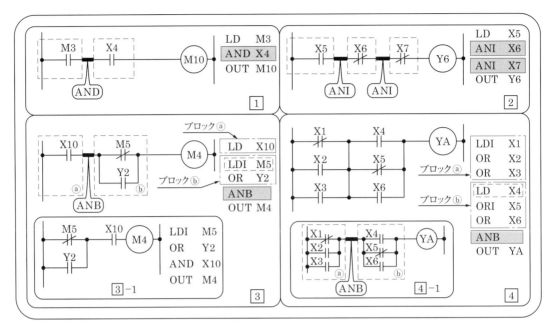

図6.4 AND, ANI, ANB命令

図6.4にプログラムと命令の使用例を示しました。①は，補助メモリM3のa接点に入力X4の"a接点"を直列に接続する場合で，ニーモニック命令を使うと「AND X4」のように記述します。②は，入力母線側から出力母線側へ順番に，入力X5の"a接点"，入力X6の"b接点"，入力X7の"b接点"の3つを直列に接続する場合で，ニーモニック命令を使うと「LD X5」，「ANI X6」，「ANI X7」の順序で記述します。

③と④は，ANB命令の使用例です。③は，入力X10のa接点と接点ブロックⓑを接続する場合です。入力X10に接続するのが1個の接点であれば，すでに説明したANDまたはANI命令を使えばよいことになります。ちなみに，③の回路は③-1のように描くこともできます。この場合には，接点ブロックⓑに接続するのが入力X10ですから，使用するのはAND命令でよいことになります。このことからわかるように，接続するのが接点ブロックの場合にANB命令を使わなければならないのは，シーケンサ内部のマイクロプロセッサが回路を処理するときの都合によるものであり，実際の処理は単純なAND演算を行っています。④の回路は少し複雑にみえるかも知れませんが，④-1で示した回路と同じです。ⓐの接点ブロックにⓑの接点ブロックを"直列結合"するので，ANB命令を使用します。

次に，図6.4の③および④の，ⓑブロックの部分を命令で記述するのに用いている，LDIとLD命令ですが，複数の接点をブロックとして扱う場合，その部分から"あらためて処理を開始"させるための命令です。これもマイクロプロセッサが命令を処理するときの都合によるものです。処理の開始を宣言するのが，(1)で説明したようにLDとLDI命令であり，図6.4の③の「LDI M5」と④の「LD X4」の例がこれです。

(3) OR, ORI, ORB命令

命令の機能は，接点や接点ブロックを"並列に接続"することで，これによりシーケンサは論理和（OR）の演算処理を行います。ORは"a接点"を"並列"に接続する命令，ORIは"b接点"を"並列"に接続する命令，ORBは"接点のブロック"を"並列"に結合（接続）する命令です。図6.5にプログラムと命令の使用例を示しました。

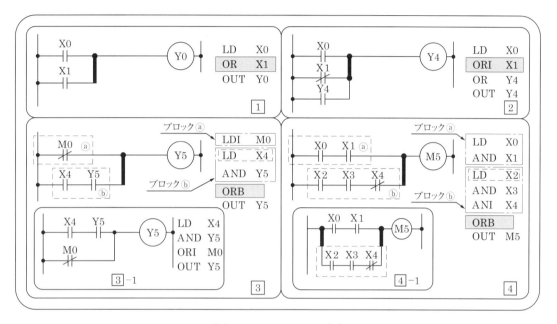

図6.5 OR, ORI, ORB命令

① の回路は，入力X0の"a接点"に入力X1の"a接点"が並列に接続されており，ニーモニック命令によるプログラムの記述は「OR X1」となります。

② の回路は，3つの接点が並列になっており，このうち入力X1は"b接点"です。したがって，この接点を並列接続する場合は，「ORI X1」となります。

③ の回路は，補助メモリM0をLDI命令で入力処理し，これに接点ブロックⓑを並列結合する例です。ⓑブロックは入力X4（a接点）と出力Y5（a接点）の直列回路であり，「LD X4」→「AND Y5」→「ORB」の順に記述します。なお，回路を③-1で示したように描けば，ORB命令は不要になります。もちろん2つの回路では同じ動作と結果が得られます。

④ の回路は，2つの接点が直列接続されたブロックⓐと，3つの接点が直列接続されたブロックⓑとを並列結合する例です。ブロックⓐに対して，ブロックⓑを"並列に結合"するために，ORB命令が必要になります。回路を④-1のように考えるとわかりやすくなります。

(4) OUT命令

この命令は，処理の結果を出力する命令です。出力先はシーケンサの出力部"Y"（出力メモリ）へだけでなく，内部メモリ（補助メモリ）"M"のほか，タイマ"T"やカウンタ"C"などに対して行われます。図6.6にプログラムと命令の使用例を示しました。

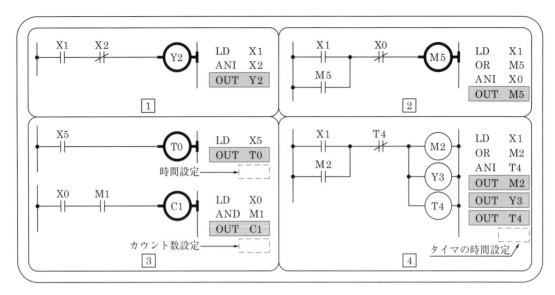

図6.6 OUT命令

　①は，演算処理（X1のa接点とX2のb接点の状態をAND演算）の結果を"出力部"（出力メモリ）のY2へ出力する例，②は，"内部メモリ"のM5へ演算処理（X1のa接点とM5のa接点の状態をOR演算し，その結果とX0のb接点の状態をAND演算）の結果を出力する場合です。図6.6の③はタイマとカウンタへの出力例です。タイマおよびカウンタについては第7章で説明します。

　図6.6の④の例は，演算処理の結果を出力部と内部メモリおよびタイマへ同時に出力する例です。カウンタへも同時に出力することができます。

　ここで，これまでに説明した命令を整理してみます。

　(1)のLDとLDIは，これから論理演算をしようとする接点の状態を"入力"するとともに，ここから演算処理を開始することを宣言する命令です。

　(2)と(3)のANDとORは，論理演算の基本要素である"論理積"と"論理和"の演算命令です。また，ANIとORIは，それぞれANDとOR演算する接点がb接点の場合に使用しますが，これらはANDとORの"否定（NOT）"を意味する命令です。したがって，論理演算の基本となる"AND"，"OR"，"NOT"の3要素がそろっていることになります。

　(4)のOUT命令の機能は，論理演算処理の結果を"出力"することです。

　以上のことから，これまでに説明した命令があれば，シーケンサでシーケンス制御を行うのに必要な，**情報の入力→論理演算処理→結果の出力**まで，すべてできることになります。

　なお，ここではシーケンスプログラムを"ニーモニック命令"でも記述しましたが，始めに話したようにプログラムを設計するときには，リレーラダー図で行います。

　プログラムを設計（作成）することとは，"リレーラダー図を描くこと"と解釈しておいてください。

6.2.2 プログラムの基本回路

シーケンサのプログラム（リレーラダー回路）は長大で複雑に見えるかも知れませんが，プログラムの"基本要素回路"は，AND回路，OR回路，NOT回路です．図6.7を使って，これらの回路を説明しましょう．

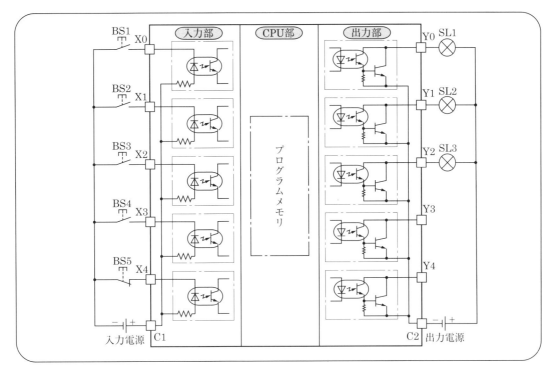

図6.7　入出力接続図

図6.7の入出力接続図には，シーケンサの入力部X0～X4に5個の押しボタンスイッチBS1～BS5，出力部のY0～Y2に表示灯SL1～SL3が接続されています．このシーケンサでは，押しボタンBS1，BS2，BS3，BS4を押せば，入力信号X0，X1，X2，X3がそれぞれON状態になり，BS5を押せば入力信号X4がOFF状態になります（BS5はb接点入力）．また表示灯SL1，SL2，SL3は，出力Y0，Y1，Y2がON状態になればそれぞれ点灯します．

(1) AND回路

図6.8にAND回路の例を2つ示しました．これらの回路では，入力X0～X3の接点が"直列"につながっており，このような接続をAND接続回路と呼びます．①の回路では，BS1～BS4をすべて押したとき，Y0をON状態にするためのAND条件（入力X0～X3がすべてON）が成立し，表示灯SL1が点灯します．論理式で表すと，$Y0 = X0 \cdot X1 \cdot X2 \cdot X3$のようになります．②の回路では，BS2とBS3を押し，かつBS1とBS4を押さない状態（X0とX3は"b接点"）で入力X0～X3の"AND条件"が成立し，出力Y1がONとなってSL2が点灯します．論理式では，$Y1 = \overline{X0} \cdot X1 \cdot X2 \cdot \overline{X3}$のように表します．

なお，1つのリレーラダー回路では，入力（X）部の接点状態によって，出力（Y）がONになった

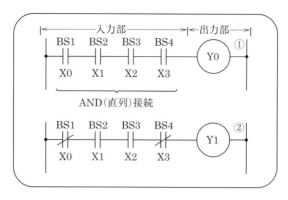

図 6.8　AND回路

りOFFになったりします。このため，1つのラダー回路を"入力部"と"出力部"に区分する場合，接点記号（ —||— や —|/|— ）部が入力部，コイル記号（ —○— ）部が出力部になります（図6.8の①参照）。

(2) OR回路

図6.9にOR回路の一例を示しました。この回路では，接点X0 ～ X3が"並列"につながっており，このような接続を**OR接続回路**と呼びます。この例では，OR接続されている接点がすべて"a接点"になっています。このため，BS1 ～ BS4のうちの1個でも押されると，出力Y2がONとなって，表示灯SL3が点灯します。論理式では，Y2 = X0 + X1 + X2 + X3のように表します。図6.9の回路例では，X0 ～ X3がすべて"a接点"になっていますが，"a接点"と"b接点"が混在していても，並列接続されていればOR回路です。

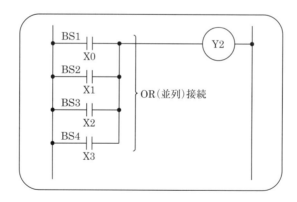

図 6.9　OR回路

(3) NOT回路

リレー回路では，"b接点"とは，操作コイルに電流を流したときに開（OFF）になる接点です。また，押しボタンスイッチでは，押しボタンを押したとき（操作したとき）に開く接点がb接点です。これに対してシーケンサでは，b接点は論理的な反転を意味します。たとえば，図6.7で示したBS1 ～ BS4のように，"a接点"で入力信号が取り込まれている場合は，入力信号を"b接点記号"で表せば信号の状態を反転した**NOT回路**になります。

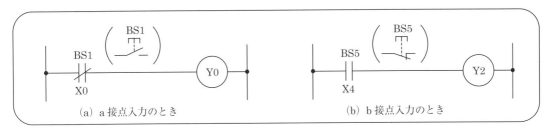

図 6.10　NOT回路

　図6.10の(a)がこの例です。(a)の回路は，X0の"b接点"が出力のY0へ接続されています。ここで，BS1を押してみましょう。図6.7では，BS1の"a接点が入力のX0へ接続"されていますから，BS1を押した状態でX0の"b接点（ ）"は"開状態"になります。したがって，出力Y0はOFFとなって表示灯SL1は消灯状態になります。反対に，BS1を押さない状態でSL1は点灯しています。このように，操作する（押す）と回路が不作動状態（表示灯が消灯）になる回路を**NOT回路**と呼びます。

　ところで，シーケンサの入力信号はBS1～BS4のように，いつも"a接点"で取り込まれる（接続されている）とは限りません。BS5のように，"b接点"でシーケンサへ取り込まれる場合も少なくありません。

　それでは，"b接点"で入力される場合のNOT回路をつくってみましょう。図6.7で，BS5を押した状態で表示灯SL3が消灯するプログラム回路をつくれば，"b接点入力"の場合の"NOT回路"になります。この回路が図6.10の(b)です。図6.7では，BS5のb接点が入力X4に接続されていますから，BS5を押さない（操作しない）状態で入力信号X4のa接点が閉状態であり，出力Y2はON状態となってSL3が点灯しています。BS5を押せばX4のa接点が開くのでSL3は消灯します。

　押しボタンを押せば表示灯が点灯するということを"肯定"とすれば，図6.10(b)の回路はBS5を押せばSL3が消灯するので，"NOT（否定）"回路といえます。

　6.2.1項の(1)で，「リレーラダー図のb接点は"信号の反転"を意味する」と説明しましたが，これは押しボタンの"a接点がシーケンサの入力部に接続されている"という前提があって成り立つことで，この論理を**正論理**といいます。反対に，押しボタンの"b接点"がシーケンサの入力部に接続されていて，押せば入力信号がOFFになるものを**負論理**といいます。

　多少わかりにくい説明になってしまいましたが，シーケンサのプログラムをつくるとき，NOT回路であるかないかを強く意識する必要はありません。BS1やBS5を押したとき，あるいは押さない場合に，シーケンサの入力信号X0やX4のa接点やb接点の状態がどのようになるのか（開くのか閉じるのか）が理解できればよいのです。図6.10の(a)では，「BS1を押せばX0のb接点が開くので出力Y0がOFF」になり，(b)では「BS5を押せばX4のa接点が開くので出力Y2がOFF」になることが理解できればよいのです。

　ところで，図6.10の例でわかるように，シーケンサでは，入力機器からの信号がa接点で入力されているかb接点で入力されているかに関係なく，入力信号（あるいは出力信号）の反転が必要に

なれば，いつでも自由にできます。「だから押しボタンスイッチなどの接点は，シーケンサへ"a接点"で入力しても"b接点"で入力してもよい（同じ！）」と思わないでください。押しボタンスイッチなどの接点をシーケンサへ接続するとき，"a接点"と"b接点"のどちらを使用するかには大きな意味があり，使い分ける必要があります。これについては，本章最後の〈ミニ解説〉「安全な回路」を読んで理解しておいてください。

6.3 プログラムの重要回路

　重要な回路といっても，先に説明したAND，OR，NOTの3要素を使った回路です。ここで取り上げたのは数例ですが，これらを理解して知っているのと知らないのとでは，プログラムの設計時間や応用力に大差ができる重要な回路です。

6.3.1 自己保持回路

　図6.11(a)に自己保持回路の基本形を示しました。この例では，入力信号X0がONになると出力Y0がON状態になり，いったんY0がON状態になるとX0がOFFになっても，Y0のON状態が維持されます。たとえば，図6.7のように押しボタンスイッチと表示灯が接続されているとき，BS1を押せばSL1が点灯し，BS1から手を離してもSL1は点灯したままとなります。したがってこの回路は，状態を"記憶（保持）"する機能をもった回路であることがわかります。単なるOR回路のようですが，どのようなメカニズムで記憶機能をもつようになるのでしょうか。図6.11(b)で示したニーモニック言語による〈命令の記述〉と，(c)で示したタイミングチャートで説明しましょう。

　この回路の動作を説明するとき，シーケンサが回路（プログラム）をどのような順序で処理しているかを知る必要があります。ラダー回路（プログラム）を(a)のように描いたとき，これをシーケンサのニーモニック言語（命令）で記述すると(b)の①，②，③になり，Y0の回路はこの順序でプログラムメモリに格納されます。したがって，このプログラムを実行させると，シーケンサはプログラムメモリに格納されている先頭の命令から実行を開始し，Y0の回路は①の「LD X0」→②の

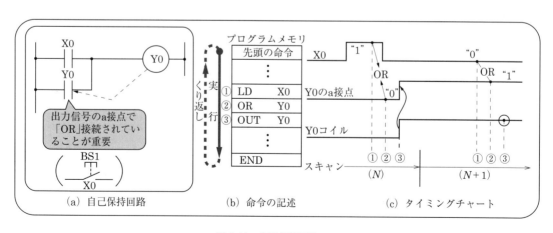

図6.11　自己保持回路

「OR Y0」→③の「OUT Y0」の順に実行され，最後の「END」命令まで実行されると，再び先頭の命令に戻って「END」命令までの実行をくり返します。先頭の命令から最後の「END」命令までを順番に実行することを**スキャン**と呼びます。また，先頭の命令から最後の「END」命令までを実行するのに要する時間を**スキャンタイム**といいます。

それでは，図6.11(c)のタイミングチャートを使い，プログラムがシーケンサのマイクロプロセッサで処理されるようすを，もう少し詳しく説明します。まず，N回目のスキャンで「LD X0」を実行したとき，初めて入力X0の"ON状態"が取り込まれたとしましょう(①)。次に実行されるのは，「OR Y0」です(②)。Y0のa接点の状態とORの論理演算をする相手は，入力X0の状態です。このときには，出力Y0はOFF状態ですが，X0は①を実行したときにON状態でシーケンサに取り込まれていますから，OR演算の結果はON("1")になります。したがって，次の「OUT Y0」を実行したとき，OR演算の結果が出力されて，出力Y0はON状態になります(③)。最後の「END」命令を実行して，シーケンサの処理は先頭の命令から$(N+1)$回目のスキャンに移ります。$(N+1)$回目のスキャンで①の命令を実行したとき，入力X0はOFF状態です("0"が入力される)が，②の命令を実行するとき，Y0のa接点がON状態("1")になっています。この結果，②の命令でOR演算を実行したときの結果は"1"になります。②の結果が③の命令でY0へ出力されますが，この場合はY0はすでにON状態になっているので，結果として，出力の状態に変化が起こらないことになります(ON状態であるY0に対して，あらためてON状態を出力する)。このように，$(N+1)$回目のスキャンで①の命令を実行したとき，入力X0がOFF状態にもかかわらず，出力Y0がON状態にキープ(保持)されるのは，②の命令を実行するときに，"出力Y0自身の接点"が作用した(Y0のa接点がON)ためです。このため，このような回路は**自己保持回路**と呼ばれます。

6.3.2 セット優先とリセット優先回路

図6.11の回路では，いったんY0がON状態に自己保持されてしまうと，シーケンサの動作を停止させたり電源を切らない限り，もとの状態(Y0がOFF)にはなりません。したがって，図6.11で示した基本回路がそのままで利用されることはほとんどありません。

セット優先とリセット優先回路は，ともに図6.11の自己保持回路に少し手を加えたものです。図6.12に一例を示しました。(a)はリセット優先回路です。図6.7のように押しボタンスイッチと

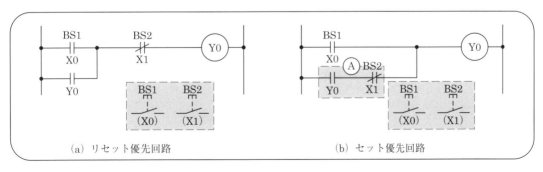

図6.12　セット優先とリセット優先回路

表示灯が接続されているとき，BS1がセットボタン，BS2がリセットボタンになります．BS1とBS2を同時に押したとき，どちらのボタン操作が有効になるかを調べてみます．最初にBS1だけを押してみます．入力X0がONでX1がOFFですから，出力Y0がONになって自己保持され，表示灯SL1が点灯状態になります．すなわち，出力Y0の状態はOFFからONに"セット"されます．

次に，この状態でBS2を押してみます．閉じていた入力X1のb接点が開放され，出力Y0がOFFになってSL1も消灯します．すなわち，Y0の状態がONからOFFへ"リセット"されます．

今度は，BS1とBS2を同時に押してみましょう．表示灯SL1は点灯しません．なぜなら，BS1が押されてX0がON状態であっても，BS2が押された状態ならばX1のb接点が開き，Y0がON状態に作動できないからです．すなわち，セットボタンとリセットボタンが2つとも押されている場合は，BS2のリセット機能が優先されて，BS1のセット機能が無効になります．

(b)はセット優先回路です．セットボタンであるBS1を押せば入力X0がON状態になり，OR接続されているⒶ部の状態に関係なく，出力Y0がON状態になります．すなわち，セット操作がリセット操作に優先されます．いったんY0がON状態になると，Ⓐ部の回路によって自己保持されますが，BS2を押して入力X1のb接点を開放すれば，自己保持が解除されてY0はOFFになります．

6.3.3 オールタネイト回路

図6.13に回路例とタイミングチャートを示しました．回路の形は図6.12(b)と似ていますが，この回路はタイミングチャートが示しているように，押しボタンを押すたびに出力状態が反転する，**オールタネイト回路**です．なお，図6.13で使用しているPLS回路は第7章で取り上げますが，入力信号がON状態になったとき，出力の信号をパルス化するときに利用します．この回路例では，入力信号X0がOFF状態からON状態へ変化したときに，M0が一瞬だけON状態になります．したがって，押しボタンスイッチが図6.7のように接続されているとき，BS1を押した瞬間にM0からパルス信号が発生します．動作の概要は次のようになります．

最初に出力Y0がOFF状態のとき，BS1を押してX0をONにしてみます．M0から最初のパルスP_1が発生し，回路のⒶ部の条件（M0のa接点とY0のb接点のAND）が成立して，Y0がON状態になります．この状態は，M0がOFFになったときには回路のⒷ部によって保持されます．次に，もう一度BS1を押してみます．M0から2発目のパルスP_2が発生します．このとき，Ⓐ部のAND

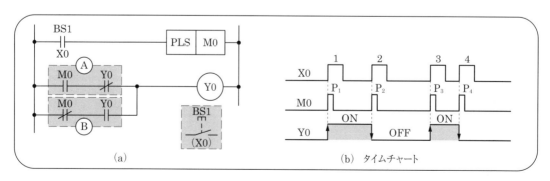

図6.13　オールタネイト回路

条件は，Y0がON状態になっているので満足されません。一方，Y0の保持機能をもっているⒷ部のAND条件も，M0がONですから成立しません。この結果，Y0はONからOFFに戻ります。BS1を3回目，4回目と押した場合も，1回目と2回目を押したときの動作と同じになります。図6.7のように，出力Y0に表示灯SL1を接続しておけば，BS1を押すたびにSL1は点灯と消灯を交互にくり返します。なお，この例ではX0の入力信号をパルス化しましたが，パルス回路を省略して，ⒶとⒷ部のM0の代わりにX0をそのまま用いると，この回路はオールタネイト動作をしなくなるので注意が必要です。

6.4　第6章のトライアル

図6.7のように入出力機器が接続されているとき，次のプログラムをリレーラダー図で設計し，これをニーモニック語で記述してください。押しボタンスイッチのBS5は，b接点がX4へ入力されていますから注意してください。

(1)　BS1を押している間，SL1が点灯するプログラム。
(2)　BS5を押している間，SL1が点灯するプログラム。
(3)　BS1またはBS2を押せばSL1が点灯し，いったん点灯すると，BS5を押すまで消灯しないプログラム。
(4)　BS1とBS2を同時（共）に押せばSL1が点灯し，いったん点灯すると，BS3またはBS4を押すまで消灯しないプログラム。
(5)　BS5を押せばSL1が点灯し，いったん点灯すると，BS1を押すまで消灯しないプログラム。

ミニ解説

安全な回路

シーケンサ制御装置に限らず，あらゆる装置は安全を最優先して設計・製作しなければなりません。ここでは，「セット優先回路とリセット優先回路」，および「a接点入力とb接点入力」について，安全面から考察してみます。

(1) セット優先回路とリセット優先回路の使い分け

図6.14は，シーケンサのプログラムで機械装置の動力モータを運転する例です。(a)で示した電力回路の電磁接触器MCが作動すると，モータMは回転します。操作は，シーケンサの入力部に接続した，押しボタンスイッチBS1で運転を開始させ，BS2で停止させます。また，モータで駆動される可動部が安全な可動領域をはずれる状態になれば，リミットスイッチLSが作動します。これらのスイッチとMCの接続図は，(b)のI/O接続図で示しました。また，安全を考慮したシーケンサのプログラム例は，(c)の制御プログラムで示してあります。

ところで，通常，人間や機械にとって危険な状態は，モータが停止しているときより，回転しているときです。したがって，モータの制御回路（シーケンサのプログラム）は，運転開始ボタンBS1の操作よりも，停止ボタンBS2の操作と，機械の可動部が動作の限界域を脱出するのを防止するリミットスイッチLSの信号を優先させなければなりません。すなわち，運転開始ボタンを"セット信号"，停止ボタンとLSからの

信号を"リセット信号"とするとき、シーケンサの制御プログラムでは、リセット優先の回路にしておく必要があります。

図6.14(c)の制御プログラムでは、BS2(停止ボタン)またはLS(オーバートラベル検出スイッチという)が作動して、入力信号X2またはX3がOFF状態である限り、BS1(運転開始ボタン)を押してX1がON状態になっても、絶対に出力Y1がON状態になることはありません。したがって、この制御プログラムでは、運転開始と運転停止の"ボタン操作"では、停止ボタンの操作が優先され、またオーバートラベルが発生した場合はすぐに停止がかかります。その結果、ボタン操作と動作において、安全が確保されることになります。

(2) a接点入力とb接点入力の選択

図6.14のI/O接続図をもう一度みてください。BS2とLSの接点は"b接点"になっています。一方、制御プログラムにおいて、BS2とLSからの入力信号X2とX3は、出力Y1をリセットする機能をもっています。Y1をリセットするのであれば、BS2やLSの信号が"a接点入力"であっても行えます。BS2とLSを"a接点入力"にした場合は、制御プログラムのX2とX3のa接点記号をb接点記号に変えればよいのです。しかし、この例のように機械を停止させたり、オーバートラベルを検出するリミットスイッチの信号は、"b接点入力"とすべきです。

シーケンサへの停止信号X2が"a接点"で入力されているときには、X2端子への配線が"切れたり接触不良"となれば、X2はOFF状態になります。この結果、BS2を押してもX2のa接点がONにならず、出力Y1がリセットできないので停止がきかなくなるからです。

これに対して、BS2を"b接点"で入力している場合には、X2への配線が切れたときには"停止がかかった状態"となり、運転ボタンBS1を押したとしても、出力Y1はON状態にならず安全が確保できます。また、運転中にX2への配線が切れたり接触不良が発生すれば、出力Y1は直ちにOFFとなってモータは停止します。図6.14(c)の制御プログラムでは、オーバートラベル検出スイッチLSも"b接点入力"としてありますから、LSが押されたりX3への配線が切れると、出力Y1はリセットされてOFFになり、モータは停止します。

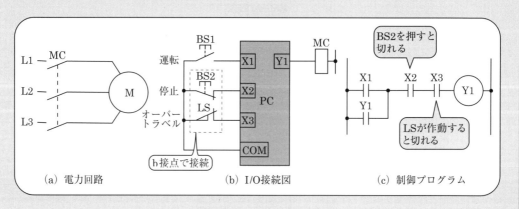

図6.14 a、b接点の使い分け

第7章 シーケンサのプログラム（基礎2）

本章では，シーケンス制御で欠かせない「シーケンサのタイマとカウンタ」，「よく使われるシーケンサの命令」，少し難しい話になりますが「プログラムのスキャン処理」などを取り上げます。

7.1 シーケンサのタイマとカウンタ

タイマとカウンタの機能は，シーケンス制御で「時間」と「数」を制御するときになくてはならない重要な機能で，どのようなシーケンサにも用意されています。

タイマは，ある動作から次の動作へ移行させるとき，時間調整が必要になった場合などに利用します。たとえば，ロボットを使って小さい部品を吸着して運搬する場合，真空チャックで部品を吸着させても，すぐに移動動作へ移行させることはしません。吸着してすぐに移動させると，部品の吸着が不完全であった場合，移動中に部品の把持姿勢が変化して，部品が落下するおそれがあるからです。このため，実際に移動動作へ移行させるのは，吸着してから一定時間が経過したあとです。このような時間制御（調整）のためにタイマが利用されます。

カウンタの機能は，シーケンサのシーケンス制御でも「数」や「回数」を数えるために利用されます。たとえば，ある製品が生産目標値に達したことを検知したとき，生産機械を停止させたり別製品の生産を開始させるなどの判断を行う場合には，生産数量を数える必要があります。また，一定時間内の動作回数によって，装置の状態（正常か異常かなど）を把握しながら制御を行う場合には，動作回数を数える必要があります。

さらに，一定の周期で発生する信号を数えると，時間を計測したり検出することもできます。たとえば，周期が1秒の正確な信号（1秒クロック）をカウントして，カウント数が60になったことを調べると，1分タイマとして利用することもできます。

7.1.1 タイマ

(1) タイマ回路の書き方

シーケンサのタイマは，抵抗，コンデンサ，半導体などの電子部品で構成された"ハードタイマ"ではなく，マイクロプロセッサ（CPU）を利用した"ソフトタイマ"です。したがって，シーケンサの内部には"目でみえるもの"としてのタイマはありません。しかし，ハードタイマと同じように，

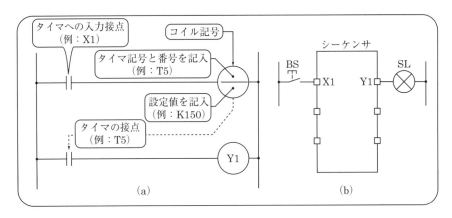

図 7.1 タイマ回路の書き方

シーケンサのプログラム（回路）でも，"コイル記号"と"接点記号"でタイマを表現します。

図 7.1(a) は，シーケンサのラダー図によるタイマ回路の表現例です。書き方は，内部メモリや出力メモリへ出力する場合の，「OUT」命令の記述法とほとんど同じです。すなわち，入力部は接点記号，出力部はコイル記号で表現します。タイマには「タイマ番号」とタイマへの「設定時間」を記述する必要があります。このため，コイル記号の中を上下に二分し，上段に"タイマの番号"，下段にはタイマの時間（限時：タイマコイルを ON 状態にしてから，その接点が作動するまでの時間のこと）を決めるための"設定数値"を記入します。

タイマの限時を設定するとき，10 秒，15 秒，1 分などと直接"時間の単位"で設定を行わず，"設定数値"によって行うのは，次のような理由によるものです。図 7.2 で説明しましょう。

シーケンサのタイマは，一定の時間周期（周波数）で発生する数種類の信号をつくっておき，そ

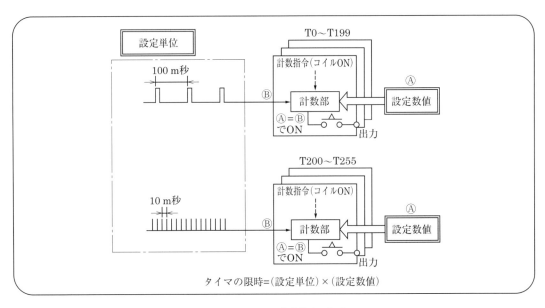

図 7.2 タイマの時間設定の概念

のうちの1つを選定して，この信号の発生回数を数えて時間計算をするようになっています。したがって，選定した信号の計数値"Ⓑ"が設定数値"A"に達すれば，限時になったこと（タイムアップといいます）がわかり，タイマの接点が作動します。このようなシーケンサのタイマでは，一定の時間周期（周波数）で発生する信号を，タイマの"設定単位"として扱い，設定単位をどれにするかは，使用するタイマの番号によって決められています（ユーザ側で設定できるようになっているシーケンサもあります）。

たとえば，MELSEC-A（三菱電機）のA1sCPUでは，タイマT0〜T199は設定単位が100 m秒のタイマ，T200〜T255が設定単位10 m秒のタイマになっています。このように，設定単位100 m秒と10 m秒のタイマを準備しているのは，タイマに設定できる数値（設定数値）の大きさに制約があって，設定単位が10 m秒のタイマでは，何十分というような長い限時（時間）に設定できないためです。反対に，設定単位が100 m秒のタイマだけでは，10 m秒単位の細かい限時に設定することができません。ちなみに，設定単位が100 m秒に決められているT0〜T199は0.1〜3 276.7秒（最大で約55分），設定単位が10 m秒のT200〜T255では0.01〜327.67秒（最大で約5.5分）の範囲で限時が設定できます。したがって，限時が10秒のタイマをつくりたい場合には，2つの方法があります。T0〜T199を使うときは"設定数値"を100，T200〜T255を使うときは"設定数値"を1 000にすればよいことになります。なお，設定時間を秒単位などで直接設定するシーケンサもあります。

このように，シーケンサのタイマは"コイル"と"接点"で表現（構成）されますが，シーケンサのタイマの接点はシーケンサの外部端子（出力端子）とはつながっていません。このため，タイマの接点で外部機器をON/OFFさせる場合には，図7.1（a）で示したように，出力Yを介して外部へ出力します。

図7.1（b）のように押しボタンスイッチBSが接続されているとき，入力X1をON状態にする（BSを押した状態で保つ）と，タイマT5の接点は15秒（0.1秒［設定単位］×150［設定数値：Kは定数を意味する］＝15秒）後にON状態になり，出力Y1がON状態になります。すなわち，出力Y1は，X1がONになって15秒後にON状態になり，ランプSLが点灯します。X1がOFFになると，T5のコイルと接点は直ちにOFFとなります。その結果，X1がOFFになると，直ちにY1もOFFになってSLが消えます。

(2) タイマの種類と特性

① **通常タイマと積算タイマ**　タイマには，コイルをON状態にすると時間の計測を開始し，設定されている限時（時間）に達するとその接点が作動しますが，設定されている限時に達する前にコイルがOFF状態になると，それまでに計測してきた時間が0にクリアされるもの（ここでは**通常タイマ**と呼ぶことにする）と，限時に達する前にコイルがOFFになっても，それまでに計測してきた時間がそのまま残され，再びコイルがON状態になるとそれまでの計測時間が順次加算される，**積算タイマ**があります。特に"積算タイマ"とことわらない限り，タイマといえば，"通常タイマ"を指しています。

タイマが時間の計測を開始して，そこに設定されている時間に達したとき，**タイムアップ**したと

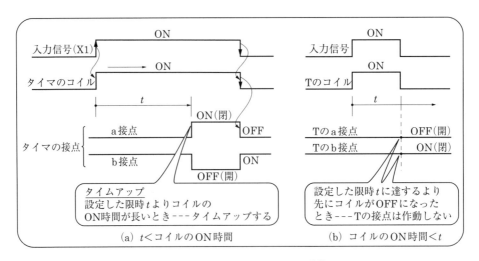

図7.3 オンディレイタイマの動作

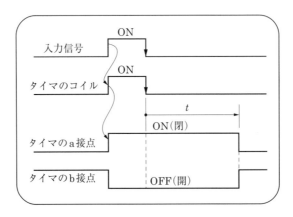

図7.4 オフディレイタイマの動作

いいます。

② **オンディレイタイマとオフディレイタイマ**　先に，タイマは「コイルをON状態にすると時間の計測を開始する」と述べましたが，いったんコイルをON状態にしておき，「コイルがOFF状態に復帰してから時間の計測を開始する」タイプもあります。前者を**オンディレイタイマ**(ondelay-timer)，後者を**オフディレイタイマ**(offdelay-timer)と呼びます。通常，シーケンサで用意されているのは，オンディレイタイマですが，両タイプのタイマが用意されているシーケンサもあります。図7.3に，オンディレイタイマの動作特性を示しました。

オンディレイタイマは，入力信号がON状態になってから，すなわち，"タイマのコイル"がON状態になってから，設定した時間が経過したときに"タイマの接点"が作動（a接点がON，b接点がOFF）します。入力信号がOFFになって，コイルがOFF状態に戻ると，"タイマの接点"も同時に不作動状態になります（図7.3(a)）。なお図7.3(b)のように，入力信号をいったんON状態にしても，タイムアップする前にOFF状態に戻した場合には，"タイマの接点"は一瞬たりとも作動しないで，"b接点が閉じた(ON)"ままになります。

図7.4は，オフディレイタイマの動作特性を説明したものです。オフディレイタイマは，入力信号がON状態になってタイマのコイルがON状態になると，タイマの接点も同時にON状態になります。タイマの接点がOFF状態に戻るのは，入力信号がOFF（タイマのコイルがOFF状態）になってから，タイマに設定した時間tが経過したときです。

(3) タイマを使った回路例

一時記憶（補助）メモリや出力メモリの回路では，「コイルがON状態になればその接点も同時に作動する」と考えても，ほとんどまちがいは起こりません。しかしタイマ回路では，コイルがON/OFFに変化するとき，その接点（aとbの接点）の状態がどのように変化するかは，一時記憶メモリのように単純ではありません。シーケンサのタイマ（オンディレイタイマ）を使用するときは，次のことをよく理解しておくことが大切です。

- タイマの接点は，コイルがONになっても限時に達するまで作動しないこと。
- 限時に達する前にコイルがOFFになると，タイマは初期状態に戻される（それまでの時間計測がクリア）こと。
- タイムアップすると接点は作動状態になり，コイルをOFFにするまでその状態が保たれること。

① **タイマ回路の自己保持**　タイマの回路をリレー回路と同じように，自身の接点で自己保持させようとして，図7.5(a)のような回路をつくっても，「思いどおりの動作をしない」場合があります。たとえば，BS1を"一瞬"押しただけでは，T1の回路を自己保持させることはできません。これは考えてみると当然のことで，T1のa接点はタイムアップしない限り，閉じられることがないからです。これに対して，T1が限時に達するまで（すなわち5秒以上）BS1を押し続けた場合には，

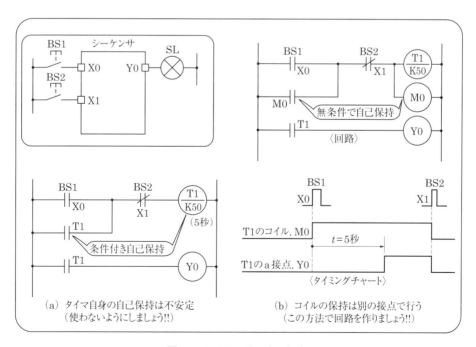

図7.5　タイマ回路の自己保持

タイムアップするとT1のa接点が閉じて自己保持回路が形成され，BS1から手を離してもT1のコイルはON状態に保たれ，ランプSLの点灯状態はBS2が押されるまで維持されます。このように図7.5(a)の回路では，BS1の押し方によって，T1の回路が自己保持されたりされなかったりします。したがって，ランプSLも点灯したりしなかったりすることが起こります。先に「思いどおりの動作をしない」ことがあるといったのは，こういう意味です。

BS1を押しさえすれば（押されている時間に関係なく），T1の回路を確実に自己保持させるためには，図7.5(b)のようにする必要があります。この例では，補助メモリM0によって自己保持が行われますが，T1のコイルがM0と並列に接続されているため，BS2が押されて入力X1がONになるまで，T1のコイルもON状態に保持されます。

タイマ回路をON状態に保持したいときには，図7.5(b)のようにします。

② **10秒後に表示灯を点灯させる回路**　図7.6に，オンディレイタイマの典型的な使用例を示しました。図7.1(b)のように，押しボタンスイッチBSと表示灯SLが接続されているとき，図7.6の回路では，BSを押しっぱなしにして入力X1をON状態に保っていると，10秒後に出力Y1がON状態になります。タイマはMELSEC−Aシリーズの場合であり，T1は"設定単位"が100 m秒のオンディレイタイマです。コイル記号の中の下段に記入した"K100"は，タイマT1に設定する"設定数値"であり，Kは定数を意味しています。設定時間（限時）をtとすれば，t =（設定単位）×（設定数値）= 0.1秒 × 100 = 10秒となります。

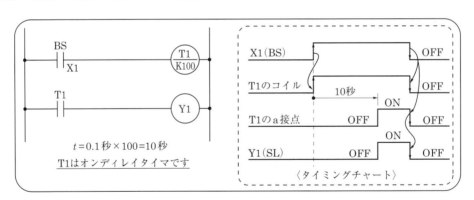

図7.6　10秒後に点灯するプログラム

動作はタイミングチャートで示したように，BSを押してX1がON状態になると，タイマT1のコイルがON状態になります。しかし，T1のa接点はT1に設定した時間（10秒）が経過したあとでないとON状態とはなりません。T1のコイルがONして，10秒後にT1のa接点がON状態になる（タイムアップ）と，出力Y1がON状態となりSLが点灯します。BSから手を離してX1がOFFになると，直ちにT1のコイルがOFFになり，T1のa接点も開いてY1がOFFになりSLが消灯します。

③ **オフディレイタイマ**　通常，シーケンサのタイマとして用意されているのは，"オンディレイタイマ"です。オフディレイタイマがシーケンサに用意されていない場合には，オンディレイタイマを使ってプログラムでつくることができます。図7.7に，オンディレイタイマを使用したオフディレイタイマの回路例を示しました。(a)の回路例とタイミングチャートを参考に，この回路

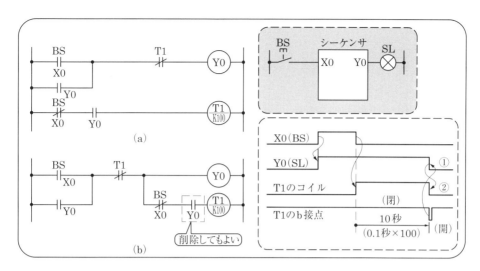

図7.7　オフディレイタイマ

の動作を説明しましょう。まず初期状態では，タイマT1（設定単位が100 m秒のオンディレイタイマ）は作動していないので，そのb接点は閉じています。

次に，BSを押してみます。X0がONになると，すぐに出力Y0がON（ランプSLが点灯）になって自己保持されます。次に，BSから手を離します。この状態では，X0がOFFでY0がONになっています。このため，T1のコイルがON状態になります。すなわち，BSから手を離すのと同時に，T1のコイルがON状態になります。T1はオンディレイタイマですから，タイムアップしてb接点が開くのは，コイルがONになってから10秒後です。T1のb接点が開くと，Y0の自己保持が解除されてOFF（SLが消灯）になり，これによりT1のコイルもOFFになって，回路全体が初期状態に戻ります。BSを操作したときのY0の作動状況（ON / OFF）が，図7.4で示したオフディレイタイマの，"a接点の動作"と同じであることを確認しておいてください。なお，回路をまとめて図7.7（b）のようにしても同じです。

④　**規定幅の信号発生回路**　図7.8に，タイマを利用して規定幅の信号を発生させる，ワンショット回路の一例を示しました。(a)では，BS1を押している時間（X0がON）がワンショット信号（Y0）の規定幅より長い場合に限って，規定幅の信号が得られます。この例では，BS1を10秒間以上押していれば，規定幅10秒の信号が出力Y0から得られます。X0のON時間が規定幅の時間より短い場合には，ワンショット信号の幅は，X0のON時間と同じになります。したがって，この回路で規定幅（10秒間）の信号を得るためには，常にBS1の操作時間が10秒を超えるように，気をつけている必要があります。これに対して(b)の回路は，押しボタンの押し方に関係なく，常に規定幅（60 m秒）の信号が得られるようにしたものです。

まず，BS1を押せばパルスM0が発生します。M0がONになるとY0がONになって自己保持され，T200のコイルもON状態になります。60 m秒が経過してT200がタイムアップすると，T200のb接点が開放され，Y0の自己保持が解除されます。この結果，BS1を押したとき，いつもY0から信号幅60 m秒の規定出力が得られます。BS1からの入力信号X0をパルス化しているのは，タイ

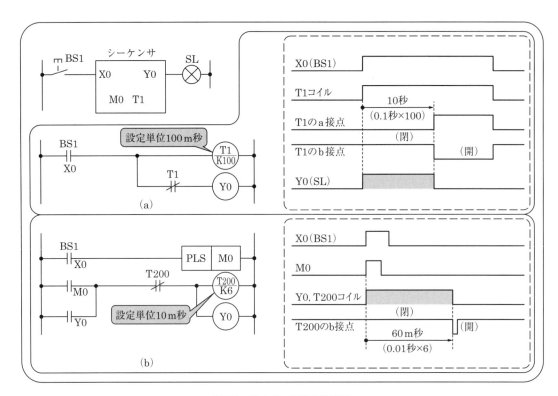

図7.8 規定幅の信号発生回路

ムアップ後に再びY0とT200のコイルがONにならないようにするためです。BS1からの信号をパルス化しないで，タイマ回路のM0を直接入力信号X0にした場合，X0のON時間がT200の限時 (60m秒)より長い場合には，タイムアップ後にY0とT200が再びON状態になり，この結果，信号幅60m秒の信号がくり返しY0から出るようになってしまいます。なお図7.8(b)のPLS命令は，7.2節で説明します。

⑤ **フリッカ回路** 図7.9に回路例を示しました。図7.1(b)のように，押しボタンスイッチBSと表示灯SLが接続されているとき，SLが1秒間の点灯と2秒間の消灯をくり返します。タイマT1とT2は設定単位が100m秒のオンディレイタイマです。

この回路では，タイミングチャートで示した動作をします。まず，BSを押して入力X1をON状態にすると，T1のコイルと出力Y1がON状態になります（①）。X1をON状態にしていると，1秒が経過したときT1がタイムアップして，そのa接点が閉じます（②）。このため，一時記憶メモリのM0がON状態になって自己保持され，同時にT2のコイルもON状態に保持されます（③）。一方，T1とY1の回路では，M0のb接点が開放（T1のb接点もスキャンタイムの一瞬だけ開放）される結果，T1のコイルと出力Y1がOFFになります（④）。このため，SLは1秒間だけ点灯します。

T2のコイルとM0がOFFになるのは，T2がタイムアップしてT2のb接点が開放されたときです（⑤）。これは，T1のa接点がONになってから2秒が経過したときで，この2秒間はSLは消灯されています。このようにして，M0がOFFになれば全部の回路が初期状態に戻り，BSが押されてX1がON状態になっている間は，①～⑤の動作がくり返されます。すなわち，BSから手を離す

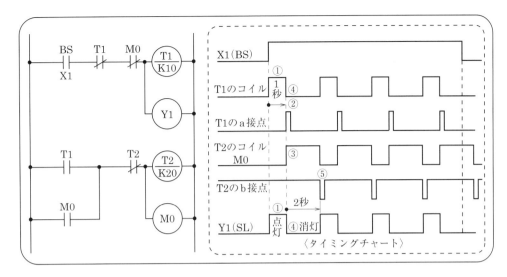

図7.9　フリッカ回路

まで，SLは1秒間点灯と2秒間消灯のサイクルを続行します。

7.1.2　カウンタ

シーケンサの内部には，"目にみえるもの"としてのカウンタはありません。これは，シーケンサのタイマの場合と同じです。すなわち，シーケンサのカウンタ機能は，シーケンサ内部のマイクロプロセッサ（CPU）の動作によってつくられる，"ソフトカウンタ"です。

カウンタには加算式と減算式がありますが，一般的には加算式です。シーケンサの加算式カウンタでは，入力信号がONした回数を計数して，所定の設定値に達したとき，その出力接点を作動させます。また，設定値に達するまでのカウント数（現在のカウント数）は，必要に応じて取り出す（読み出す）ことができます。取り出したカウント数は「比較命令」（第11章の11.2節で説明）を利用して目標値と比較すれば，現在のカウント数と目標値との関係（＝≠＜＞）を判定することができます。このように，プログラム（ソフトウェア）でカウント値を読み出し，簡単に目標値と比較することができるのは，シーケンサのカウンタの特長の1つです。

（1）　カウンタ回路の書き方

シーケンサメーカによってまちまちですが，計数入力信号（カウント入力），出力信号，設定値，計数値クリア（リセット入力）の4つがわかりやすく表現できれば，どんな表記であってもよいと思います。図7.10に一例を示しましたが，表現はここで示した2つのタイプが基本になっているようです。

（a）のタイプは，"□部"がカウンタのコイルを表し，その中にカウンタ（CNT）番号と設定値を記入します。コイルに入力されている2つの信号が，"計数（カウント）信号"と計数値をクリアする"リセット信号"です。出力はカウンタの接点から取り出します。この例では，CNT1のカウント信号（入力信号1）がON／OFFを5回くり返して設定値に達したとき（カウントアップという），そのa接点が閉じて出力200がON状態になります。この状態は，リセット信号（入力信号2）が

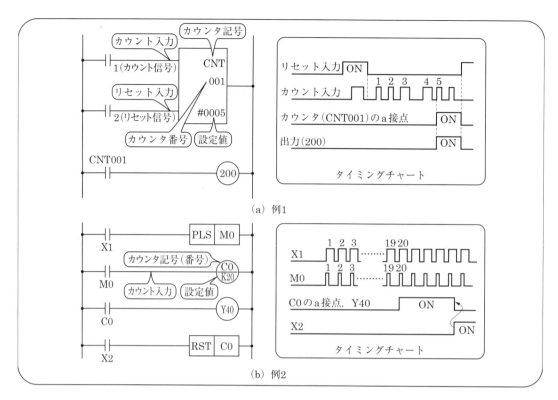

図 7.10 カウンタの書き方

ON状態になるまで保持されます．リセット信号がONになっている間は，カウント入力信号がON/OFFをくり返してもカウントされません．

(b)のタイプは，先に取り上げたタイマと同じ表現法になっています．コイルとカウント入力の接点で構成され，カウンタの出力は接点信号として取り出されます．コイルの中にカウンタ（記号"C"）番号と設定値を記入します．動作は，カウンタのコイルがOFFからONに立ち上がると，カウンタの現在値が増加し，設定値に達してカウントアップすると，カウンタの接点が作動します．この例では，カウント信号はパルス信号（M0）としていますが，確実にOFFからONに立ち上がる信号であればその必要はありません．現在値をクリアして接点を不作動（OFF）状態にするときは，「RST」命令で行います．

なお，カウンタの接点はシーケンサの外部端子（出力端子）とはつながっていません．このため，カウンタの接点で外部機器をON/OFFさせる場合には，図7.10で示したように，出力（(a)：出力200，(b)：Y40）を介して外部へ出力します．これはタイマの場合と同じです．

(2) カウンタを使った回路例

① **設定値に達するとLEDが点灯する回路**　図7.11に，MELSEC-AとSYSMAC-C200H（オムロン）のプログラム例を示しました．BS1がカウント入力用の押しボタンスイッチ，BS2がカウンタをリセットする押しボタンスイッチです．(a)の例では，BS2を押してカウンタC0をリセットし，BS1を150回押したときに出力Y40がONになって，LEDが点灯します．引き続きBS1を押してもLEDは点灯したままで，BS2を押したときに初めて消灯します．もちろんこのと

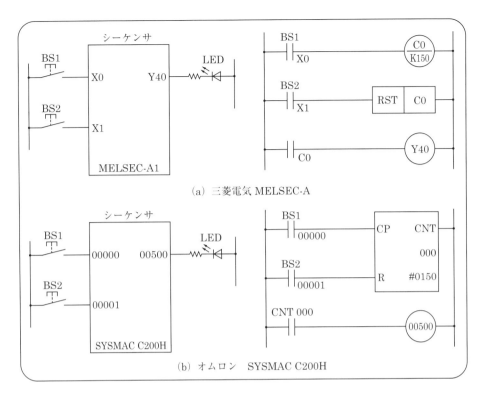

(a) 三菱電気 MELSEC-A

(b) オムロン SYSMAC C200H

図 7.11

きには，計数値の150は0になります。(b) の例も動作はまったく同じで，BS2を押してカウンタCNT0をリセットし，BS1を150回押したときにカウントアップします。CNT0がカウントアップするとその接点 (a接点) が閉じ，出力500がONになってLEDが点灯します。なお，(a) も (b) も，カウントアップする前 (カウント値が150に達する前) にBS2を押した場合には，これまでのカウント値が0にクリアされるため，あらためてBS1を150回押さなければカウントアップしません。

② **長時間タイマ**　現在市販されているどんなシーケンサにも，クロック信号が準備されています。このクロック信号をカウンタに入力し，そのカウント値から時間を知ることができます。たとえば，MELSEC-A1では，特殊メモリのM9032から1秒クロック，M9035からは1分クロックなど，何種類かのクロックが用意されています。

図7.12は，1秒クロックM9032とカウンタC1を使った，2時間タイマ回路です。この例では，図7.11(a)で示したBS1を押して，手を離した瞬間から2時間が経過したとき，LEDが点灯します。この回路の動作は，タイミングチャートで示しましたが，次のようになります。BS1を押してX0がOFF状態からON状態になったとき，①の回路のPLS命令によってM1からパルスが発生します。M1パルスによって，③の回路でカウンタC1がリセットされ，カウント値が0にクリアされます。また，④の回路でもM3がリセットされます。

次に，BS1から手を離してX0がON状態からOFF状態になったとき，②の回路のPLF命令によって，M2からパルスが発生します。M2からパルスが発生すると，④の回路のM3がONになって自己保持されます。M3がON状態になると，⑤のカウンタ回路では，1秒クロック信号 (M9032)

7.1　シーケンサのタイマとカウンタ

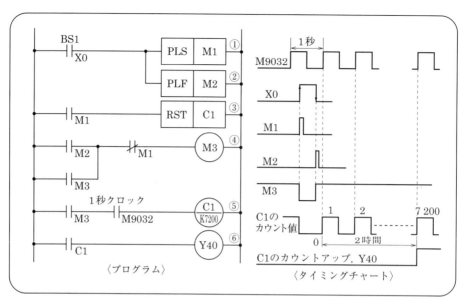

図7.12　2時間タイマ

とのAND条件が成立するようになり，カウントを開始します。カウント値がC1に設定してある7 200になったとき，カウントアップしてC1のa接点が閉じ（ON），⑥の回路でY40がONになり，LEDが点灯します。すなわち，BS1から手を離して2時間（1秒×7 200＝2時間）後にLEDが点灯します。

　③　**計数値を読み出して比較する回路**　　図7.13は，カウンタC0の計数値が500以上になると出力Y41がON状態になり，カウント数が設定値の1 000に達してカウントアップしたとき，出力Y40をONにするプログラム例です。「比較演算命令」を使う必要がありますが，この回路の動作は次のようになります。

　カウンタC0へ入力される"カウント信号"は，入力X0がOFFからONになったとき発生する，パルス信号M1で入力されます。カウント数は，比較演算命令［≧ C0 K500］で比較され，C0の内容（カウント数）が500以上になる（C0≧500の条件が成立）と，比較演算命令のⒶ部分が"導通"状態となります。その結果，出力Y41がON状態になります。また，カウント数が1 000になると

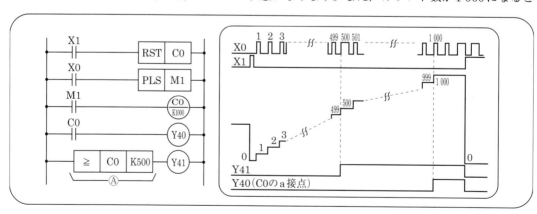

図7.13

C0がカウントアップして，そのa接点がONとなって出力Y40がON状態になります。カウンタのリセットは，入力X1がONになったときで，これまでにカウントしてきたC0のカウント値が0になり，同時にC0のa接点もOFFになって，出力Y40もOFFになります。

7.2 よく使う便利な命令

シーケンスプログラムを設計するとき，使えば便利な命令がたくさんあります。ここで取り上げた命令はそのうちのほんの一部ですが，現在ではどんなシーケンサにも用意されている，"ごく普通の命令"です。いいかえれば，それだけよく利用される命令であるといえます。なお，命令の機能に大きな違いはないのですが，名前のつけ方や記号はシーケンサメーカによって異なります。ここでは，MELSEC-Aで説明しておきます。

7.2.1 微分出力命令（PLS，PLF）

入力信号を"パルス"信号に変換して"出力"する命令です。PLSは，入力信号がOFF状態からON状態に変化した瞬間にパルスを発生させる，"立ち上がりパルス発生"命令です。PLFは，入力信号がON状態からOFF状態に変化したときにパルスを発生させる，"立ち下がりパルス発生"命令です。発生するパルス幅（出力信号がON状態になっている時間）は，プログラムの1スキャン時間です。

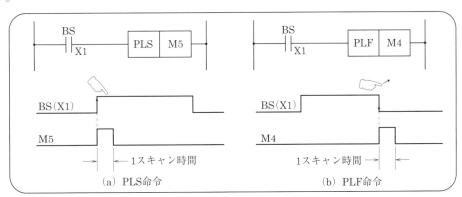

図7.14 微分出力命令

図7.14にこれらの使用例を示しました。(a)の回路例では，入力信号X1の立ち上がりで，補助メモリのM5から，プログラムの1スキャン時間幅のパルスを発生（出力）します。たとえば，図7.1(b)のように押しボタンスイッチBSが接続されている場合，BSを押すのと同時にM5が一瞬だけON状態になります。(b)の回路では，入力信号X1がONからOFFになった瞬間，M4から1スキャン時間のパルスを出力します。すなわち，BSから手を離したときに，M4が一瞬だけON状態になります。

パルス信号はプログラムの中のいろいろな局面で使われます。たとえば，カウンタの計数入力信号やセット/リセット信号のほか，シフトレジスタのシフト指令信号などは，入力信号を"パルス化"して使うのが一般的です。

7.2.2 セット/リセット命令〔SET, RST〕

出力Y，一時記憶メモリMなどを"ON状態"あるいは"OFF状態"にする命令です。SET命令は，入力信号（SET入力）がON状態になると，指定した出力信号がON状態になり，入力信号がOFFになってもON状態を保ちます。RST命令は，入力信号（RESET入力）がON状態になると，指定した出力信号がOFFになり，RESET入力信号がOFFになっても出力信号がONに戻ることはありません。

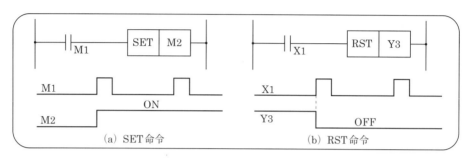

図7.15　セット/リセット命令

図7.15にSET命令とRST命令を示しました。(a)の回路例では，一時記憶メモリのM2は，M1がON状態になるとSET命令が実行され，ON状態にセットされます。(b)の回路例では，入力X1がONになるとRST命令が実行され，ON状態になっていたY3がリセットされてOFF状態になります。ここでは，"M"と"Y"に対してセットとリセットを行う例を示しましたが，タイマ"T"やカウンタ"C"，データレジスタ"D"などに対しても行うことができます。たとえば，TやC，Dに対してRST命令を実行すると，Tはリセット（コイルがOFF状態）され，Cはカウント数がリセット（0になる）され，Dはその内容が0になります。

図7.16に一時記憶メモリのM5をセット/リセットする回路例を示しました。(a)はSETとRST

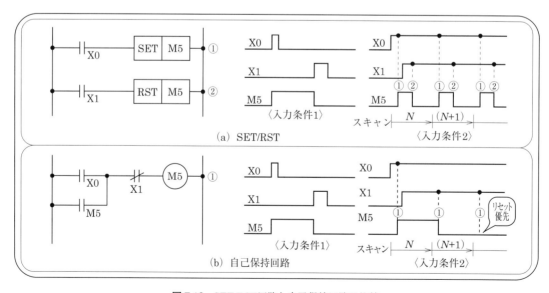

図7.16　SET/RST回路と自己保持回路の比較

命令を利用した回路，(b)はこれまでに説明した"自己保持回路"を利用したものです。(a)の回路も(b)の回路も，〈入力条件1〉ではまったく同じ動作結果が得られます。すなわち，入力信号X0がONでX1がOFFのときにセット（M5がON）され，X0がOFFでX1がONのときにリセット（M5がOFF）されます。しかし〈入力条件2〉では，(a)の回路と(b)の回路の動作結果に違いができます。

入力信号X0とX1がともにON状態の場合，(a)の回路では，①のSET回路と②のRST回路を実行するたびに，M5はONとOFFをくり返します。これに対して(b)の回路では，入力X1（リセット信号）が入力X0（セット信号）に優先され，入力X1がONである限りM5は絶対にONになりません。すなわち，(b)の回路は"リセット優先回路"です。したがって，入力信号が〈入力条件1〉の状態になる場合は，(a)の回路でも(b)の回路でもよいのですが，安全などを考慮して"リセット優先"にしなければならない場合には，自己保持を利用した(b)の回路にする必要があります。

それでは，もう1つプログラムをつくってみましょう。図7.12で示した2時間タイマのプログラムでは，M3のセット信号（パルスM2）とリセット信号（パルスM1）が同時に発生（ONになる）することはありません。したがって，M3の回路をSETとRST命令を使った回路に変更することが可能です。図7.17にプログラム例とタイミングチャートを示しました。もちろん，図7.12と図7.17のプログラムの動作結果は，まったく同じになります。2つのプログラムのタイミングチャートも比較してみましょう。

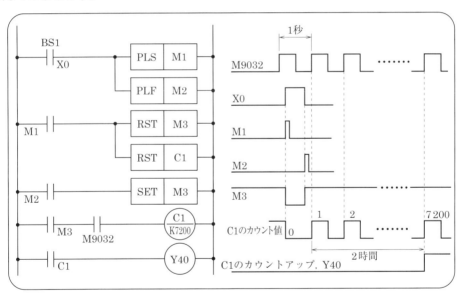

図7.17　2時間タイマ

なお，図7.16のタイミングチャートの説明は省略しましたが，本章の最後で説明する〈ミニ解説〉の【プログラムのスキャン処理】を読むと，〈入力条件2〉のタイミングチャートも理解しやすくなります。

7.2.3　シフト命令[SFT/SFTP]とシフトレジスタ

SFT命令は，一時記憶メモリMを1ビットシフトします。この命令を利用して，一時記憶Mの

状態を1個ずつ順次ビットシフトさせる，シフトレジスタをつくることができます。シフトレジスタは，ステップシーケンスをつくるときの動作順序（ステップ）を発生させたり，製品の搬送・搬出制御で品物を管理するための追跡（トラッキング）をするのに利用されるほか，リングカウンタとしても利用できます。

　SFT命令を連続した一時記憶メモリに与えると，その**連続数だけのシフトレジスタを構成する**ことができます。図7.18はSFT命令を使った4ビットのシフトレジスタです。シフトレジスタはM20〜M23までの連続した一時記憶メモリで構成しています。M20が**最下位**のビットでM23が**最上位**のビットになります。

　回路図（ラダー図）では，一時記憶メモリMの番号を上位（大きい番号）から下位（小さい番号）に向かって描く必要があります。これにより，シフト動作の処理が上位ビットから順番に下位ビットまで実行されます。

　SFT命令が実行されると，シフトレジスタを構成している一時記憶メモリMは，自身より1つ下位（小さい番号）のMの状態をみて，1つ下位（小さい番号）のMの状態がONのときには，自身をONにして1つ下位のMをOFFにします。1つ下位のMの状態がOFFのときには，自身もOFFになり，1つ下位のMの状態もOFFのままになります。

　図7.18の動作は次のようになります。SET命令は，シフトレジスタの先頭（最下位）になるビットをONにセットするときに使用します。セットボタンを押して入力X0がONになると，M0パル

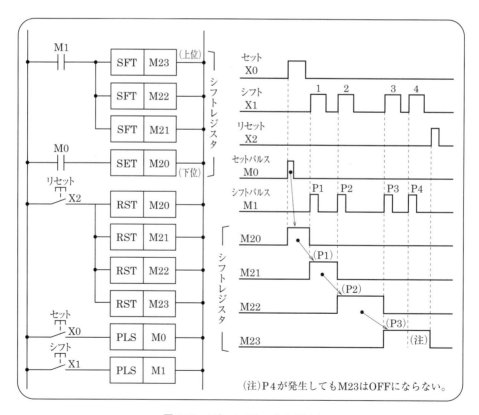

図7.18　4ビットのシフトレジスタ

スが発生してM20がON状態になります。次に，シフトボタンを押してX1がONになるとシフトパルスM1(P1)がONになって，M20の状態(ON)が上位ビットのM21へシフトされてON状態になります。引き続いてX1がON(P2)になるとM21の状態がM22へシフトされてON状態になり，さらにもう一度X1がON(P3)になると，M22の状態がM23にシフトされてON状態になります。

シフトレジスタで注意しなければならないことは，最下位ビットのON状態が最上位ビットまでシフトされたとき，（最下位ビットより1つ下位のビットの状態がOFFであっても）さらにシフトパルスを与えても，最上位ビットの状態はONのままで変化しないことです。したがって，リセットしないでP4パルスを発生させても，M23のON状態がOFFにはなりません。リセットボタンを押してX2がONになると，シフトレジスタはリセットされてすべてのビットがOFFになります。シフトレジスタのリセットは，途中でOFFにすることもできます。

7.3　第7章のトライアル

図7.19のように，シーケンサの入力部と出力部に押しボタンスイッチ（BS1，BS2，BS3）およびリレー（RA1，RA2）が接続されています。次の(1)～(5)で要求されているラダー回路を完成させてください。

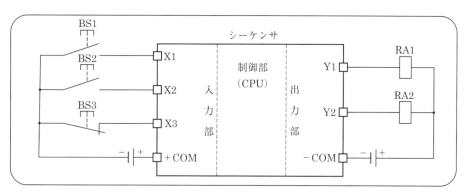

図7.19

(1) BS1を押せば出力Y2がONになって自己保持され，SB2を押せばリセット（Y2がOFF）されるラダー回路

(2) BS1をセットボタン，BS3をリセットボタンとするとき，セット優先になる出力Y2のラダー回路（自己保持回路）。

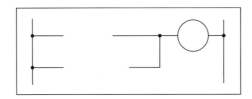

(3) BS1を一度押すとY2がONになり，もう一度押すとOFFになるラダー回路。

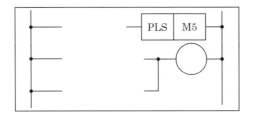

(4) BS1を押し始めて30秒後にY2がONになり，BS1から手を離すとY2がOFFになるラダー回路。ただし，BS1を押し始めて30秒以内にBS1から手を離したときは，Y2は一瞬たりともON状態になってはならない。T1はオンディレイタイマです。

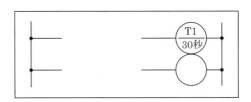

(5) BS1を押し始めると直ちにY2がON状態になるが，BS1を押し続けていても10秒後にOFFになるラダー回路。T2はオンディレイタイマです。

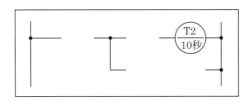

ミニ解説

プログラムのスキャン処理

シーケンサの動作を外からみると，リレーシーケンス回路と同じように，プログラムを構成するすべての回路が"まったく同時に処理"されているようにみえます。これは，マイクロプロセッサが命令を演算処理する速度が非常に速いからです。実際は，プログラムメモリに格納されている命令を，マイクロプロセッサが1つずつ順番に演算処理しています。このようすを図7.20と図7.21で説明しましょう。図7.20（a）はプログラム例で，このプログラムは（b）で示したように，シーケンサのプログラムメモリの0～8003番地（実行処理順序のステップ番号と考えるとわかりやすい）に格納されています。また，シーケンサの入力X1に押しボタンスイッチBS1，出力Y1に表示灯SLが接続されています。

図7.20（a）のプログラムでは，BS1を押せば入力X1がONになり，出力Y1がONになって自己保持されるようになっています（Y1の回路）。このY1の自己保持回路は，プログラムメモリの5000～5002番地に格納されています。ここで，シーケンサを動作状態（電源を入れてCPUをRUN状態にする）にしてみましょう。マイクロプロセッサは，直ちに0番地の「LD　M0」命令を実行処理し，順番に8003番地の「OUT　M30」命令までを実行処理します。8003番地の命令の処理が終了すると，続いて8004番地を読み出し，プログラムの最後を意味する「END」命令を見つけると0番地に戻り，再び0番地の命令を実行処理します。

このようにシーケンサでは，0番地の命令から最後の「END」命令までを，くり返しくり返し実行を続けています。

0番地の命令から順番に実行処理していくことを**スキャン**と呼び，先頭（0番地）の命令から

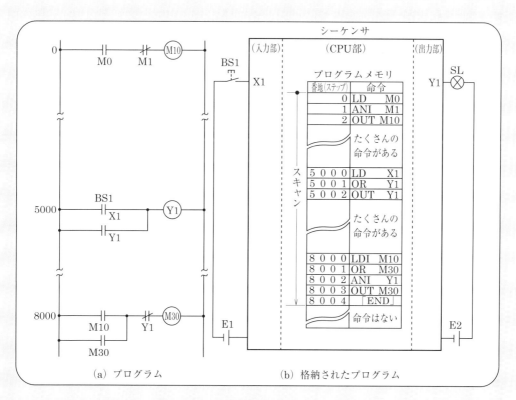

(a) プログラム　　(b) 格納されたプログラム

図7.20

最後の命令までを実行処理するのに要する時間を**スキャンタイム**といいます。

それでは，BS1を押してみましょう。表示灯SLが点灯するはずです。しかし，あなたが"超機敏な人?"で，BS1をごく短時間だけ押すことができるなら，すなわち入力X1を"ほんの一瞬だけON"にすることができるなら，SLを点灯させたりさせなかったりすることができます。これを説明したのが，図7.21です。

ケース①では，X1が二度ON状態になっていますが，5002番地の「OUT Y1」命令を実行しても，Y1はOFFになったままです。なおこの図では，X1がON状態になっている時間をT_X，スキャンタイムをT_Sで表しています。

ケース②では，T_Xの時間がケース①の場合より短いにもかかわらず，Y1はONになって自己保持されています。

ケース①と②の違いは，5000番地の「LD X1」命令を実行したときに，入力X1がON状態であったかどうかだけです。プログラムの命令をスキャンしているとき，入力X1の状態をマイクロプロセッサが読み取るのは，5000番地の命令を実行するときだけです。したがって，5000番地の命令を実行するときにON状態でない限り，プログラムのスキャン中にX1が何回ON状態になっても，マイクロプロセッサはX1のON状態を読み取ることはできません。5000番地の命令を実行したときにX1がOFF状態であれば，5002番地の「OUT Y1」命令を実行しても，Y1はOFFのままになります。この状態がケース①です。

X1のON時間T_Xが短くても，5000番地の命令を実行したときにタイミングよく，X1がON状態になっていたのがケース②です。

それでは，BS1を押せば"確実にY1をONにセットする"にはどうすればよいか考えてください。答えは1つで，BS1を押している時間をプログラムのスキャンタイムより長くすることです。T_Xの時間がT_Sの時間より長ければ，N回目のスキャン時にY1がONにならなくても，必

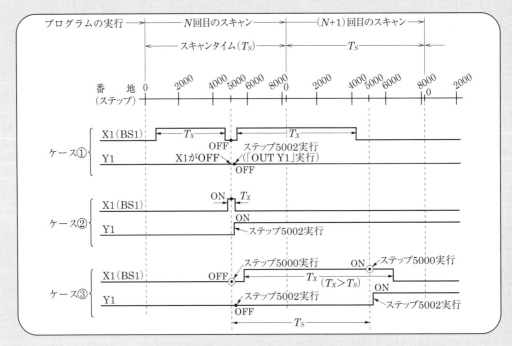

図7.21 プログラムのスキャンの位置による影響

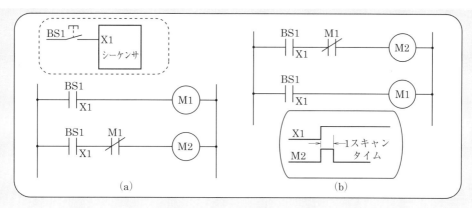

図 7.22

ず次の $(N+1)$ 回目のスキャン時に X1 の ON 状態が読み込まれて，Y1 が ON になります。この状態の説明がケース③です。

ケース①，②，③についてプログラムのスキャン動作を説明しましたが，図 7.20(a) のプログラムを動作させたとき，BS1 を押せばほとんど 100 パーセントまちがいなく，Y1 は ON にセットされて自己保持されます。この理由は，マイクロプロセッサの処理時間が非常に速いため，普通に押しボタン BS1 を押した場合には，プログラムのスキャンタイム (T_S) よりも BS1 を押している時間 (T_X) のほうが長くなるためです。このことを忘れないようにしてください。

ちなみに，現在のごく普通のシーケンサでも，1 つの命令を実行処理するのに要する時間は 1 μs 以下です。したがって，8000 命令を実行処理するプログラムのスキャンタイムは 8 m 秒ですから，いかにすばやく BS1 を "ON-OFF" しても，$T_X < 8$ m 秒になるようにするのはかなり難しいはずです。

それでは，プログラムのスキャン動作がよく理解できたと思いますから，図 7.22 のように押しボタンスイッチ BS1 がシーケンサに接続されているとき，図 7.22 の (a) と (b) のプログラムの動作結果がどのようになるか考えてください。

(a) のプログラムでは，BS1 を押して入力 X1 が ON 状態になっても，M2 は一瞬たりとも ON 状態になることはありません。プログラムは「M1 の回路」→「M2 の回路」の順に実行されますから，「M1 の回路」を実行したときに M1 が ON 状態になれば，次の「M2 の回路」を実行するときには，M1 の b 接点が開放 (OFF) されています。このため X1 の a 接点と M1 の b 接点の「AND」が成立しなくなり，M2 は一瞬たりとも ON になることがありません。

これに対して (b) のプログラムでは，「M2 の回路」→「M1 の回路」の順に実行される結果，X1 が ON となったとき (信号の立ち上がり)，M2 が 1 スキャンタイムの間 ON 状態になります。すなわち，「PLS」命令を実行したときと同じように，M2 からパルス幅が 1 スキャンタイムの信号が発生します (図中のタイムチャート参照)。

このように，図 7.22 の (a) と (b) のプログラムでは，M1 と M2 の回路自体はまったく同じであるにもかかわらず，M1 の回路と M2 の回路の実行順序を逆にするだけで，このようなことが起こります。図 7.22(b) の回路は，シーケンサのスキャン動作をたくみに利用した**パルス発生回路**です。このほかにも，シーケンサのスキャン動作を利用するプログラムテクニックがたくさんあります。したがって，シーケンサのスキャン動作を理解しておくことが重要になります。

第8章 プログラムの設計例（1）

　本章では第6，7章の復習を兼ねて，実際にプログラムを設計してみましょう。ところで，シーケンサ制御の装置を設計・製作して稼働させたとき，"決められた仕様"どおりに動作すれば，その制御プログラムも完成したことになります。ところが，プログラム設計者の考え方や設計の進め方はもちろん，同じ動作結果が得られる"完成したプログラム"そのものが，設計者によってまちまちになります。ここではプログラムを設計するだけでなく，シーケンサ制御装置を製作する過程と，プログラムが完成するまでの手順と方法についても考えてみます。

8.1 プログラムの設計例

8.1.1 早押しクイズのランプ表示装置

　TVのクイズ番組を見ていると，押しボタンを一番最初に押した人のランプが点灯して，その人に回答権が与えられるというのがあります（図8.1）。ここでは，シーケンサを利用した「早押しクイズのランプ表示装置」をつくってみます。

（1）　制御仕様

　実際に装置を製作する場合，部品の選定や制御盤を含めた全体をどのようにまとめるかも重要ですが，ここではどんな制御が要求されるかを重点に考えてみます。まず，自分が回答者側と司会（出題）者側にたったとき，どんな操作を行わなければならないか，検討してみます。

図8.1

図8.1のように回答者の人数を5人としたとき，回答者側に5個の押しボタンスイッチと表示ランプが必要なことはすぐにわかります。司会（出題）者側ではどうでしょう。回答者側で点灯しているランプは，次の出題前に消しておく必要があり，消灯操作をするスイッチが必要なこともすぐに気がつきます。本番中の故障までは考えないことにしても，本番前にランプの点灯テストを行う必要もありそうです。以上を整理すると，

① 回答者それぞれに，1個の押しボタンスイッチ（モーメンタリ型）とランプを設置する。
② 司会者側に，"ランプテスト"，"消灯"および"競技開始"を指示する操作スイッチを設置

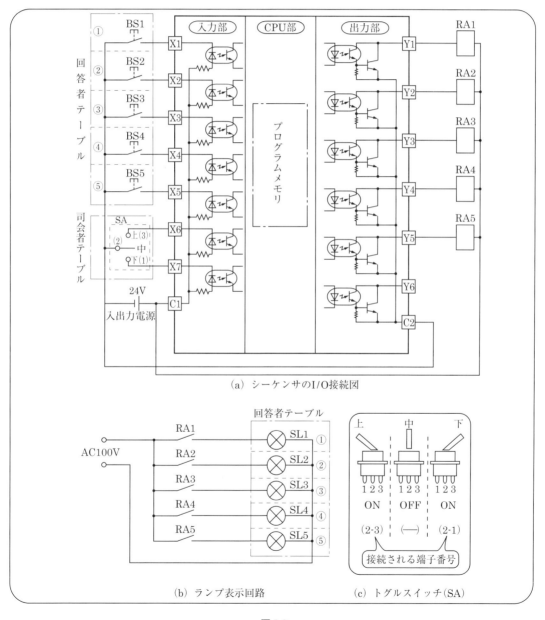

(a) シーケンサのI/O接続図

(b) ランプ表示回路　　(c) トグルスイッチ（SA）

図8.2

8.1　プログラムの設計例

する。

③ 司会者側で"競技モード"状態，あるいは"ランプテスト"の状態にしているときだけ，回答者側の押しボタン操作が有効になること。

④ 競技モード状態では，最も早く押しボタンを押した回答者のランプだけが点灯し，司会者側で消灯操作をするまで点灯していること。

これで，必要な機器とプログラムの仕様内容がかなり明確になりました。

(2) 機器の選定とシーケンサへの接続

図8.2(a)にシーケンサのI/O接続図を示しましたが，回答者用の押しボタンスイッチは使用目的が1つで単純なため，すぐにモーメンタリ型に決定できます。

司会者が使用する操作スイッチについては少し検討してみます。司会者が行う操作は，"ランプの消灯"，"ランプテスト"の指示，"競技開始"の指示の3つです。したがって，3個のスイッチを使うのも方法の1つですが，操作の手順を考えてみると，レバーの位置が"上"-"中"-"下"に切り換えられるトグルスイッチが便利で，操作も簡単です。ここで選定したトグルスイッチSAは，図8.2(c)で示したようにレバー位置が上/下で"ON"，中立のとき"OFF"になります。

司会者がSAを"上"に倒しておく（入力X6がON）と"競技モード"，下側に倒せば（入力X7がON）"ランプテストモード"，"中立"にする（入力X6とX7がOFF）と"ランプ消灯モード"とします。表示ランプは図8.2(b)のように，リレーを介して点灯させます。リレーRA1で回答者"1"の表示ランプSL1，同様にRA5で回答者"5"のSL5を点灯させます。シーケンサは入力点数が7，出力点数が5となり，1万円程度の超小型シーケンサで十分です。

(3) 制御プログラムの設計

司会者の操作手順をもう一度整理してみます。競技の開始に先だってランプテストを行う場合は，SAを下側に倒し，回答者に各自の押しボタンを押してもらいます。"正常"なら全部のランプが点灯します。これによって，ランプの不良が発見できるだけでなく，押しボタンスイッチからランプ点灯回路までの，全回路のテストができます。ランプテストがOKなら，SAを中立にして全部のランプを消灯します。引き続いてSAを上側に倒せば，競技モードになり，この状態では最も早く押しボタンを押した回答者のランプだけが点灯するようになります。

それでは，順番に制御回路を考えてみましょう。回路の設計手順として，最初からすべての条件を織り込んで作成する方法もありますが，ひとまず基本的な回路を作成して，その後でいろいろな条件を加えていくほうがわかりやすいので，ここでは，後者の方法で設計します。

まず最初は，押しボタンを押したときにランプが点灯する回路です。回答者"1"用の押しボタンBS1を押して，ランプSL1を点灯させる回路は，図8.3の①-1のようになります。

入力信号X1がON状態になると出力Y1がONになって，ここに接続されているリレーRA1が作動してランプSL1が点灯します。しかし，①-1の回路では押しボタンから手を離すと入力X1がOFFになって，SL1が消灯してしまいます。したがって，①-1の回路に手を加えて，押しボタンが押されたことを"記憶する回路"に直す必要があります。そうです！ 第6章で勉強した"自己保持回路"に直せばよいのです。BS1が押されたことを記憶する自己保持回路は，図8.3の①-2のよ

うになります。

この回路では，BS1が押されて入力X1がON状態になると，出力Y1がONになってそのa接点が閉じ，BS1から手を離しても出力Y1はON状態に保持されます。ところが，①-2の回路のままでは，"最も早く押されたときにだけ点灯する"ようにはなっていません。

そこで，押しボタンがBS1とBS2だけの場合について考えてみましょう。BS1よりBS2を押したのが早ければ，出力Y2がON（SL2が点灯）状態になり，BS1を押しても出力Y1がON状態にならないようにしなければなりません。反対にBS1がBS2より早く押された場合は，出力Y1がON（SL1が点灯）状態になって，出力Y2がON状態にならないようにしなければなりません。これらの回路は，図8.3の①-3と②-1のようになります。

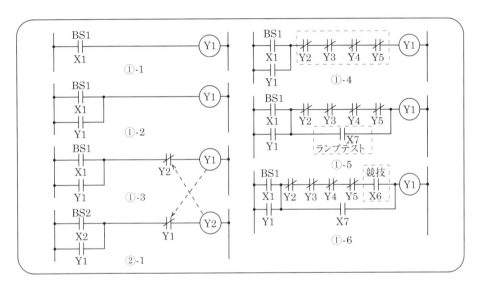

図8.3　回答者"1"用プログラムの完成まで

BS1よりBS2が早く押された場合には，②-1の回路では，①-3の回路の出力Y1がOFF状態（Y1のb接点が閉）ですから，BS2が押されて入力X2がON状態になると，出力Y2がON状態になって自己保持されます。これに対して①-3の回路では，すでに出力Y2のa接点がON（b接点が開く）しているので，BS1を押して入力X1をON状態にしても，絶対に出力Y1がON状態になりません。BS2よりBS1が早く押された場合も同様で，②-1の回路では，すでに出力Y1がON状態（Y1のb接点が開）になっているため，BS2を押しても出力Y2はON状態になりません。

押しボタンの数をBS1～BS5に増やした場合についても同じです。たとえば，①-3の回路であれば，BS1よりBS2, 3, 4, 5が早く押された場合には，すなわち，出力Y2～Y5の"いずれかがON状態"であれば，出力Y1がONしないような条件をこの回路に追加すればよい。したがって，①-3の回路を①-4のようにすれば，BS1が最も早く押された場合にだけ，出力Y1がON状態になってランプSL1だけが点灯する回路になります。

①-4の回路に司会者側の操作機能を追加すれば，この装置の制御プログラムのうち，回答者"1"に関係する部分は完成します。

「ランプテスト」は，司会者が操作スイッチを"ランプテストモード"にして，入力X7をON状態にしたとき，BS1〜BS5までの押しボタン操作が有効になるようにすればよい。①-4の回路にランプテストの機能を追加すると，①-5のようになります。

①-5の回路では，入力X7がON状態になっていれば，BS1を押して入力X1がONになれば，出力Y2, 3, 4, 5の状態に関係なく，出力Y1がONになって自己保持されます。

「競技モード」では，操作スイッチを"競技モード"にして，入力X6をON状態にしたときに限り，早押し優先回路が有効（機能すること）になるようにします。したがって，①-5の回路を①-6のようにします。

①-6の回路では，競技モードになって入力X6がON状態であれば，BS1のボタンが最も早く押されたとき（Y2, 3, 4, 5の各b接点が閉）に，出力Y1がON状態になります。

最後は，「消灯モード」です。司会者が操作するスイッチは「ON（上）− OFF（中）− ON（下）」となるトグルスイッチですから，トグルスイッチSAのレバーを"中立"にすれば，入力X6とX7は共にOFF状態になります。すなわち，中立位置ではX6とX7のa接点がともに開いた状態になります。したがって，出力Y1がON状態に自己保持されていても，SAを中立にして入力X6とX7がともにOFF状態（a接点が開）になると，Y1はリセットされてOFFになり，ランプSL1は消灯します。これで，回答者"1"に関係する部分のプログラム設計は完了です。

回答者"2"〜回答者"5"のプログラムも，図8.3の①-6の回路と同じように設計できます。

図8.4にプログラムの全部を示しました。司会者が操作スイッチSAを"下"側に倒し（ランプテ

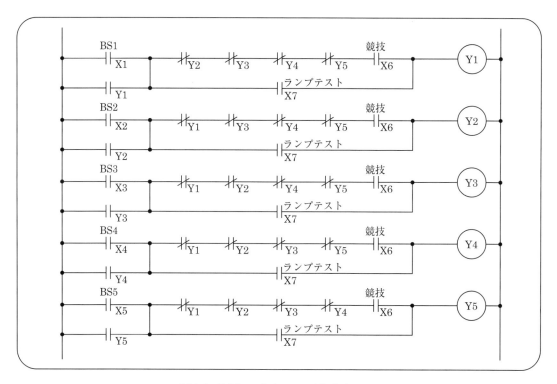

図8.4　早押しクイズのランプ表示プログラム

ストのモード），回答者全員にBS1～BS5を押してもらえば，SL1～SL5まで全部が点灯します
か？ SAを中立（消灯モード）に戻せば全部のランプが消灯し，BS1～BS5を押してもランプが
点灯するようなことはないですか？ また，SAを"上"側に倒せば（競技モード），最も早く押され
た押しボタンに対応したランプだけが点灯しますか？ 特に問題がなければ，"プログラムの完成"
としましょう．

　ところで，早押しクイズの表示装置を製作する場合，"非常に厳密な判定"を要求されている場
合には，シーケンサを使うことに問題があります．この理由は，シーケンサは図8.4のプログラム
をY1の回路からY5の回路まで，順番に"スキャン"しながら実行していくため，BS1～BS5をまっ
たく同時に押したとしても，押されたときにシーケンサのマイクロプロセッサがどの回路（命令）
を実行しているかによって，処理される回路の順番（ランプが点灯する順番）が違ってきます．

　図8.4のような簡単な（短い）プログラムでは，スキャンタイムは長くても10 m秒以下です．ス
キャンタイムによる判定のばらつきがこの程度まで許されるのなら，シーケンサを利用したこの例
の装置でもよいということになります．一般に，シーケンサのスキャンタイムは，遅いものでも数
十m秒以下ですから，機械装置の制御ではほとんど問題にならないのです．

8.1.2　ファンヒータの送風機制御

　身近にある暖房器具の1つにファンヒータがあります．ファンヒータは灯油やガスなどをバーナ
で燃やし，暖まった空気をファン（送風機）で強制的に吹き出させる（通気させる）暖房器具です．
このような暖房器具では，電源を入れたときと切ったときに，ファンをどのように制御をしている
のでしょうか．たとえば，石油ファンヒータの「運転スイッチを入れたとき」と，運転しているファ
ンヒータの「運転スイッチを切ったとき」のことを思い出してみましょう．「運転スイッチ」を"入"
にすれば，ファンは直ちに回転を開始しますか？ 反対に，「運転スイッチ」を"切"にすれば，直
ちにファンも停止しますか？ そうではないですね．「運転スイッチ」を"入"にしてもしばらくし
ないとファンは回転しないし，「運転スイッチ」を"切"にしてもしばらくの間はファンは回転して
います．すなわち，「運転スイッチ」を"入"にしても，バーナで石油が燃やされて空気が暖められ
るまではファンが回転するのを遅らせ，冷たい空気を吹き出させないように制御しています．反対
に「運転スイッチ」を"切"にしても，バーナ周辺の温度が高い間は暖かい空気を吹き出させるために，
ファンが停止するのを遅らせるように制御しています．

　現在の石油ファンヒータは，温度，時間，タイマ，給油，燃焼，換気の判断や警告のアナウンス
などが細かく，マイコンで制御されています．ここでは，ファンと予熱ヒータの制御をシーケンサ
で行います．

（1）　概要と「制御仕様」

　図8.5（a）は，ファンヒータの主回路と制御部の概要を説明したものです．主回路では，石油を
燃焼させるバーナ部をヒータで説明していますが，リレーRA1がON状態になるとバーナの予熱
が開始され，バーナが十分に熱せられるとバーナに点火されて石油が燃焼します．温風を強制通気
させるファンは，RA2がON状態で回転します．

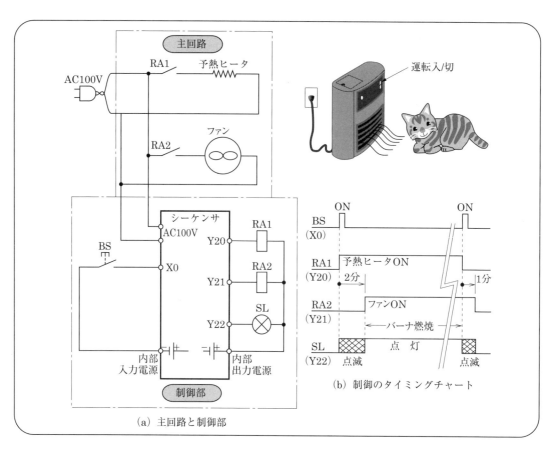

図8.5 ヒータとファンの制御

シーケンサの制御部では，運転入/切を行う運転スイッチ（押しボタンスイッチBS）が入力X0に接続されており，出力部のY20とY21にそれぞれリレーRA1とRA2が接続されています。また，Y22には運転表示ランプSLが接続されています。

図8.5(b)は，ヒータとファンの制御のタイミングチャートです。この「制御仕様」では，BSを押せば「運転入」の状態になって直ちに予熱ヒータがONになり，2分後にファンを回転させます。バーナへの点火とファンの回転開始の制御は，バーナが十分に熱せられたかどうかを温度センサで検出して行うのが理想ですが，ここではタイマを利用することにします。「運転切」の場合には，もう一度BSを押します。直ちに予熱ヒータがOFFになり，1分後にファンの回転も停止して，「運転入」の前の"初期状態"に戻ります。運転表示ランプSLは，バーナ予熱中の2分間と「運転切」からファンが停止するまでの1分間は，点滅（1秒間の点灯と消灯）をくり返し，バーナの燃焼中は連続点灯させます。

(2) プログラムの設計

図8.5を見ながらプログラムを設計しますが，特に，図(b)のタイミングチャートを参考にするとわかりやすくなります。タイミングチャートが図面上に描かれていない場合には，頭の中に動作や状況を描きながら設計を進めます。最初は，BSを押せばONとなり，もう一度押すとOFFに戻

る"運転入/切"の信号をつくる必要があります。この信号は、予熱ヒータのON/OFF信号と同じです。

ここで、少し前のことを思い出してください。「一度押すとONになり、もう一度押すとOFFに戻る回路」は、第6章の6.3節の"プログラムの重要回路"の1つとして説明した、"オールタネイト回路"そのものです。オールタネイト回路は、図8.5(b)のタイミングチャートのY20が示しているように、押しボタンを押すたびに出力状態が反転します。もう一度この回路を示すと図①のようになります。

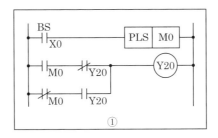

このような回路は、動作を理解する前に覚えることが先決で、必要なときにはすぐに書けるようにしておきましょう。

図①では、BSを押せば入力信号X0の立ち上がりでパルス信号M0が発生し、出力Y20がOFF状態(初期状態)であれば、このM0信号で出力Y20がONにセット(自己保持)されます。もう一度SBを押せば再びM0が発生し、この信号によってY20はOFF(リセット)になって初期状態に戻ります。

Y20がONになるとリレーRA1が作動して、予熱ヒータがONになります。2分が経過すればバーナが燃焼を始めるので、同時にファンを回転させます。Y20がONになって2分後にタイムアップする回路は、図②-1のようになります。

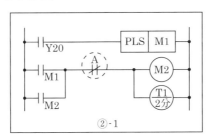

この回路では、Y20の立ち上がりでパルス信号M1を発生させ、これによってM2およびタイマT1の回路を動作(ONにセット)させています。この理由は、M2をリセットしても(リセット信号を仮に"A"としておきます)Y20がON状態のままであれば、再びM2がONにセットされるためです。このような場合にPLS命令やPLF命令を使用すれば、リセット後に再度セットされるのを簡単に防止することができます。T1がタイムアップしたとき、ファンをONにする出力Y21の回路は、図③のようになります。

次は，Y20がOFFになってから1分後にY21をOFFにするための信号をつくることです。Y21はT1がON状態（T1がタイムアップしてa接点が閉じている）である限り，OFFにはなりません（図③参照）。T1がOFFになるのは，図②-1の回路でM2がリセットされるときです。したがって，仮に"A"としておいたM2をリセットさせる信号をつくればよいということになります。この回路は図④のようになります。

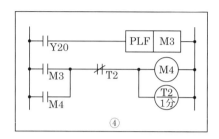

この回路では，パルスM3はPLF命令によって，Y20がON状態からOFFになった瞬間に発生します。M4は，M3のパルスによってセットされて自己保持されますが，T2がタイムアップしてT2のb接点が開くのと同時にリセットされ，もとの状態に戻ります。

図④の回路においてT2がタイムアップするのは，Y20がOFFになってから1分後ですから，図②-1で仮に"A"としておいたM2のリセット信号は，T2であることがわかります。したがって，M2とT1の回路は図②-2になります。

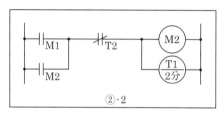

最後に，SL表示の回路を考えますが，この回路で使用する"1秒間ON－1秒間OFF"をくり返す「クロック信号」をつくっておきましょう。基本回路は第7章で説明した"フリッカ回路"です。常時ON/OFFをくり返せばよいので，次のような回路になります。

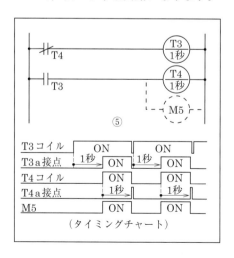

図⑤の回路では，シーケンサが動作状態になると，M5の信号は1秒間隔でON/OFFをくり返します。なお，M5の部分を点線で示したのは，T3の接点（a接点）がONになればM5はON，T3の接点がOFFになればM5はOFFになるため，T3の接点を"点滅信号（クロック信号）に利用"すればM5は不要になるためです。もちろん，M5の信号を点滅信号として利用しても結構です。

　次に，SLの"点滅条件"を考えますが，これは図8.5(b)のタイミングチャートをみればすぐにわかります。点滅させるのは，出力Y20がONでY21がOFFのとき（2分間）と，Y20がOFFでY21がONのとき（1分間）です。同様に連続点灯させるのは，出力Y20とY21がともにON状態のときです。以上の条件からSLの点灯回路をつくれば，図⑥のようになります。

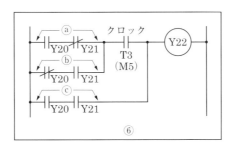

　ⓐ部が「運転入」直後からの2分間の点滅条件，ⓑ部が「運転切」からファンが停止するまでの1分間の点滅条件であり，これらの条件が成立する場合には，クロック信号（T3またはM5のa接点）によって出力Y22がON/OFF（SL点滅）をくり返します。ⓒ部はバーナが燃焼中の条件であり，出力Y22がONになってSLは点灯状態になります。

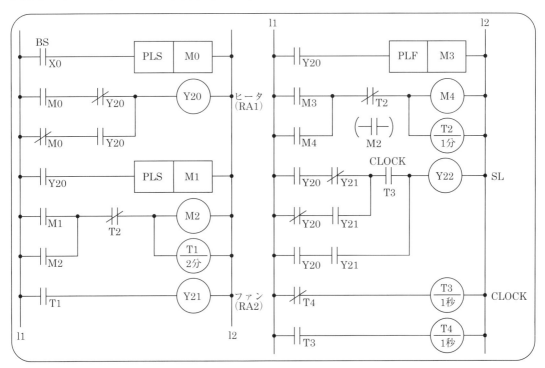

図8.6　制御プログラム

以上で個々の回路の設計は終りです。整理してまとめた回路（プログラム）を図8.6に示しておきます。

(3) もう1つのプログラム

プログラム設計者の考え方や設計の進め方によって，「同じ動作結果が得られる"完成プログラム"がいくつもできる」ことを，本章の最初に話しました。図8.7のプログラムは，筆者の友人が図8.5で示した仕様をもとに設計した，ヒータおよびファンの制御プログラムです（ランプSLの点滅回路関係は省略）。もちろん，図8.6で示したプログラムの"ヒータおよびファン"と同じ動作をする"完成プログラム"です。図8.6のプログラムでは，ヒータをON/OFFするのにオールタネイト回路をそのままを利用しましたが，図8.7のプログラムでは別の方法で行っています。図8.7のプログラムは，〈タイミングチャート〉を参考にしながら，動作を確認しておきましょう。

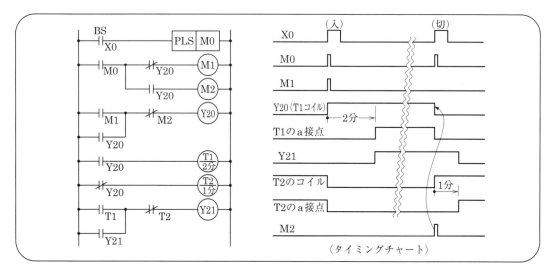

図8.7

それでは，どちらのプログラムがよいのか？…ということになりますが，よいプログラムとは，他人がみても理解しやすいプログラムです。動作させてみて同じ結果が得られるプログラムは，すべて正しいプログラムです。図8.6と図8.7のプログラムでは，ヒータとファンは制御仕様どおりの動作をします。したがって，図8.6と図8.7で示したプログラムは，正しいプログラムの一例に過ぎず，よいプログラムであるかどうかは別の問題です。プログラムは完成しても，いつまでもそのまま使用されるとは限りませんから，多少長くなっても修正や変更をするときにわかりやすくつくっておくことが大切です。

8.2 第8章のトライアル

図8.8(a)のように押しボタンスイッチBS1と表示ランプSL1，SL2が接続されているとき，次の(1)～(5)のプログラムをつくってください。(1)～(5)のタイムチャートは，図8.8(b)で示してあります。使用するタイマはT1とT2で，いずれも設定時間0.1秒のオンディレイタイマです。また，カウンタはC50を使います。

(1) BS1を押し続けると，1分後にSL1が点灯し，BS1から手を離すと直ちに消灯するプログラム。

(2) BS1を押すと同時にSL1が点灯し，1分後に消灯するプログラム。ただし，点灯中にBS1から手を離しても，すぐに消灯しないこと。

(3) BS1を押すと同時にSL1が点灯し，押し続けていると0.5秒間隔で一瞬だけSL1が消える（一瞬Y40がOFFになる）プログラム。

(4) BS1を押すと同時にSL1が4秒間点灯し，SL1が消灯するのと同時にSL2が2秒間点灯するプログラム。

(5) (4)の問題で，SL1の4秒間点灯とSL2の2秒間点灯を1サイクルとするとき，5サイクルくり返すと終了するプログラム。

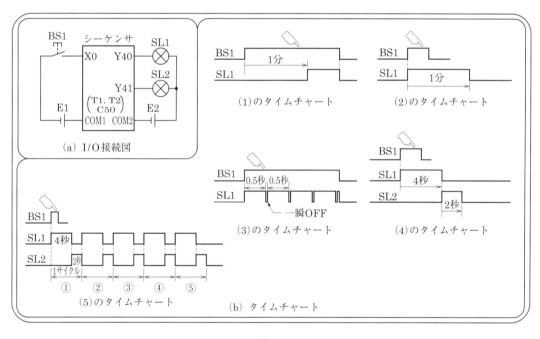

図8.8

第9章 プログラムの設計例(2)

9.1 プログラムの設計例

9.1.1 単相誘導電動機の正転/逆転制御

ここでは,電動機の回転方向転換をリレーシーケンス制御と,シーケンサ制御で行ってみます。シーケンサ制御の特長や利点がよく理解できます。

(1) リレーシーケンス制御

図9.1は,コンデンサ始動の単相誘導電動機(コンデンサモータともいう)をリレーシーケンス制御で正転と逆転を行う回路です。回転方向を転換する場合には,コンデンサが接続されている補助コイルの相を電源に対して入れ替えます。図9.1(a)の主回路では,電磁接触器MC1が作動すると電源のR相と補助コイルの③番端子,S相と④番端子がつながって正転し,MC2が作動するとR相と④番端子,S相と③番端子につながって逆転します。図9.1(b)の制御回路では,正転指令の押しボタンBS2("FWD")を押すとMC1がON状態になって自己保持され,FWDボタンから手を離

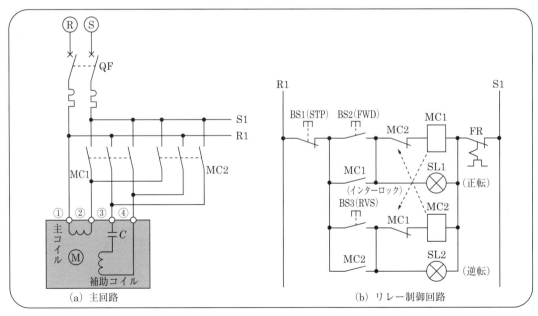

図9.1 単相誘導電動機の正転/逆転制御

してもモータは正転を続けます（ランプSL1が点灯）。

次に，逆転指令の押しボタンBS3（"RVS"）を押してみます。モータは正転したままで逆転はしません。それでは，停止指令の押しボタンBS1（"STP"）を押してから，もう一度RVSを押してみましょう。今度はモータが逆転を始め，RVSボタンから手を離しても逆転し続けます（ランプSL2が点灯）。逆転しているモータを正転させるときにも，いったんSTPを押してからFWDボタンを押さない限り，逆転から正転へ切り換えることはできません。これは，MC1とMC2の回路にインターロック回路が組まれているためです。すなわち，MC1がON状態でモータに正転指令が出されている限り，RVSを押して逆転指令を出しても，絶対にMC2はON状態にはなりません。反対にMC2がON状態で逆転指令が出されている限り，FWDを押しても絶対にMC1がON状態にはなりません。したがって，図9.1(b)の制御回路は正転から逆転，逆転から正転へ回転方向を転換するときには，いったん，停止ボタン"STP"を押してMC1とMC2をOFF状態に戻さない限り，正転や逆転ができないようになっています。このような制御回路にしているのは，モータの可逆運転を行うとき，いきなり回転方向を転換すると過大なショックで機械が破壊されたり，電気回路には過大な電流が流れて電源回路にも悪い影響を及ぼすためです。

(2) シーケンサ制御

それでは，図9.1(b)のリレーシーケンス制御をシーケンサ制御に置きかえてみましょう。シーケンサの入出力接続図を図9.2(a)のようにしたとき，その制御シーケンスは図9.1(b)のリレーシーケンスに対応させると，図(b)のようにつくることができます。図(b)のシーケンサのプログラム（回路）では，STPを押して出力Y1(MC1)と出力Y2(MC2)をいったんOFFに戻しさえすれば，たとえモータが停止していなくても，すぐに回転方向の転換が可能になります。MC1とMC2がともにOFFになると，モータは電源から切り離されていますが，しばらくの間は慣性で回転します。このため，モータが完全に停止したことを確認しないまま回転方向を転換させれば，機械的・電気的に大きなショックを与えて破壊されるおそれがあります。シーケンサを使った制御では，図9.2(a)の回路に新しく電気部品を追加したり配線を変更しなくても，プログラムを少し工夫するだけで，この問題を簡単に解決することができます。

それでは，回転方向を転換するとき，「いったんSTPを押さなくても，安全かつ自動的に行う方法」

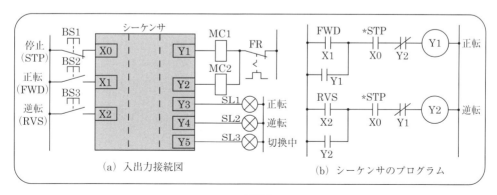

図9.2

を考えてみましょう．まず第一に考えなければならないのは，"モータの回転が停止したこと"をどのようにして確認するかです．モータの停止を直接検知する方法もありますが，これにはモータ回路へ電気部品を追加したり，検出信号をシーケンサへ入力する必要があります．

　モータ回路の電源を切ってからモータが停止するまでの時間は，モータで駆動される負荷の大きさやブレーキ装置の有無で大きく違ってきますが，一度実際に測ってみると，ある程度までは知ることができます．このため，STPあるいはFWD，RVSが押されると，いったんMC1，MC2をOFFに戻し，回転が確実に停止する時間を見計らって（推定），正転あるいは逆転の指令を出す方法で制御回路（プログラム）を考えてみます．

　まず最初に，FWDで出力Y1がON，RVSでY2がONになる回路をつくります．いまの段階で必要と思われるインターロックの回路も加えておくと，出力Y1とY2の回路は次のようになります．

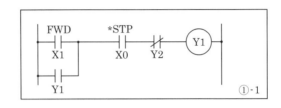

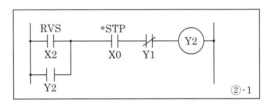

　図①-1の回路では，Y2がOFFで逆転指令が出されていないとき，FWDを押せばY1がONになって正転します．また②-1の回路では，Y1がOFFで正転指令が出されていないとき，RVSを押せばY2がONとなって逆転します．もちろん，STPを押せばY1もY2もOFFになって，モータは停止します（＊STPの＊印は，STPが"b接点入力"であることを意味します）．ところが，このままではいったんSTPを押さない限り，正転から逆転，逆転から正転へ切り換えることはできません．たとえば，いまY1がONでモータは正転中であるとしましょう．このとき，RVSを押して逆転させようとしても，Y2はONにはなりません．これはY1のb接点によってインターロックがかかっているためです．この状態は，逆転中にFWDを押したときも同じです．しかし，これらのインターロック回路を除去することは許されません．出力Y1とY2が同時にON状態になると，モータの電源回路がショート状態になるためです．したがって，FWDからRVSにする場合には，RVSを押すことによってY1がOFFになり，反対にRVSからFWDに転換するときには，FWDを押せばY2がOFFになるようにする必要があります．このためには，図①-1と図②-1の回路に手を加えて，それぞれ次のようにする必要があります．

　図①-2と図②-2の回路では，Y1がONのときにRVSを押すと，Ⓐ部によってY1の自己保持が解除されてOFFとなり，同時にⒷ部がONするのでY2がON状態になります．これによって回転はFWDからRVSへ転換します．RVSからFWDへ切り換えるときの動作も同じです．

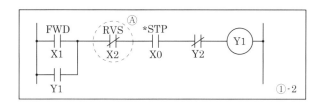

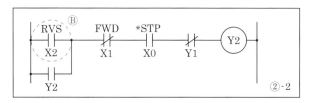

次に,回転方向を切り換える際にY1とY2がすぐには切り換わらないで,いったん,Y1とY2がOFFに戻って一定時間が経過しないうちは,FWDまたはRVSを押してもY1やY2がONにならない回路にしてみましょう。このために,Y1やY2がOFFになっても一定時間はON状態を保つ"オフディレイ信号"をつくり,この信号がON状態の間は,再度FWDやRVSを押してもY1やY2がON状態にセットされないようにします。オフディレイ信号は,第7章の7.1.1項(3)③で説明した基本回路(オフディレイタイマ回路)に手を加えて,次のようになります。

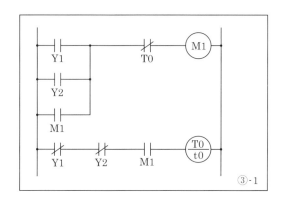

図③-1の回路では,M1はY1またはY2がON状態になるのと同時にONとなって自己保持されます。一方,タイマT0の動作は次のようになります。たとえば,正転中でY1がON状態であるとき,RVSを押してY1をOFFにしたとしましょう。この場合には,当然Y2はOFF状態です。このため,Y1がOFFになってそのb接点が閉極すると,タイマT0のコイルがON状態になり,t0後にはタイムアップしてT0のb接点が開き,M1がOFFになります。同様に,逆転中にFWDを押したときは,Y2がOFFになってt0後にT0が作動し,M1がOFFになります。オフディレイ信号M1がONになっている間は,FWDやRVSを押しても無効とする条件を図①-2と図②-2の回路に入れると,次の図①-3と図②-3の回路ができます。

図①-3と図②-3の回路では,M1がONの間はFWDやRVSを押しても,Y1やY2がONにセットされることはありません。このため,図③-1のタイマ回路で,T0の設定時間(t0)をモータが慣性で回転する時間より少し長くしておけば,図①-3と図②-3の回路で,モータが停止していない

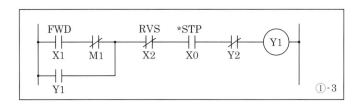

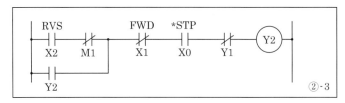

場合には，FWDやRVSを押しても出力Y1と出力Y2がON状態にセットされることがなくなり，回転方向を転換するときの過大な機械的・電気的なショックを防止することができます。

ここでもう少し工夫をしてみましょう。図①-3と図②-3の回路では，M1がONになっている間はFWD，RVSの操作が無効となるため，回転方向を転換しようとするとき，M1がOFFになるまでFWDやRVSの押しボタンを押し続けているか，M1がOFFになったあとで再びFWDやRVSを押す必要があります。FWDからRVSに，RVSからFWDに切り換えるためにこれらのボタンを押しさえすれば，M1がON状態であるなしにかかわらず，安全かつ自動的に正転または逆転できる回路にしてみましょう。

自動的に正転と逆転の指令を出すためには，これらの押しボタンが押されたことを記憶しておく必要があります。正転指令の記憶信号をM2，逆転指令の記憶信号をM3とすれば，これらの回路は図④-1のようになります。

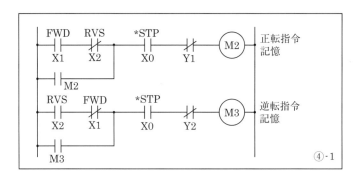

次に，図①-3の回路のFWD（X1）を正転指令記憶信号M2に置き換え，図②-3の回路のRVS（X2）を逆転指令記憶信号M3に置き換えると，Y1とY2の回路は図①-4と図②-4のようになり，制御プログラムは完成します。

図③-1，④-1，①-4，②-4をまとめて整理し，さらに回転方向を切り換え中（インターロック中は表示灯SL3が点灯）であることを示す表示回路Y5を加えてまとめると，図9.3のようになります。正転と逆転の表示は，MC1とMC2の余った補助接点を使ってシーケンサの外部回路でつくってもよいのですが，ここではシーケンサの出力Y3とY4を利用しています。図9.2（a）で示したシーケ

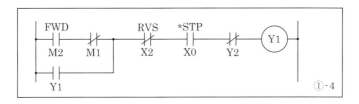

①-4

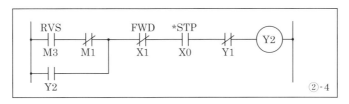

②-4

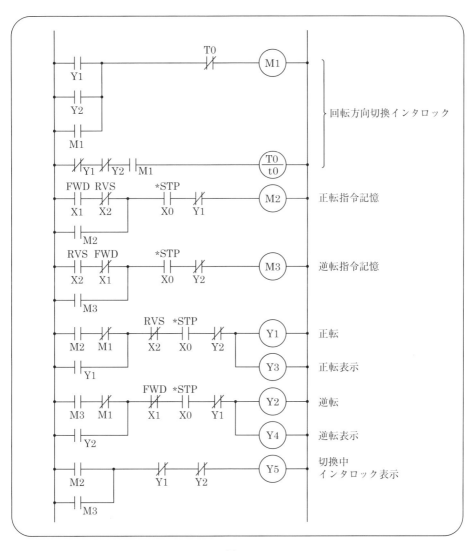

図9.3

ンサの入出力接続図では，出力Y1とY2に接続されている．MC1とMC2の間にインターロックは組み込まれていませんが，電磁接触器の補助接点が余っている場合にはこれをインターロックに利用します．なお，図9.3において，説明を省略した接点回路がいくつかありますが，なぜ必要であるかを考えてください．たとえば，M2の回路におけるY1のb接点，M3の回路におけるY2のb接点などです．

9.1.2 シリンダの1サイクル運転

図9.4は，エアーシリンダCYLと電磁弁YVで構成した空気圧回路です．YVは操作コイルが1つのシングルソレノイドタイプで，ソレノイドに通電するとエアー通路が切り換わり，通電が切れるとバネの力でもとの通路側に戻ります．一方，CYLは複動のエアーシリンダですから，片方から空気圧を供給し，もう片方から排気を行ってピストンロッド（棒）を前後に移動させます．

図9.4(a)の状態は，ソレノイドコイルへの通電が切れている状態を示しており，空気源から供

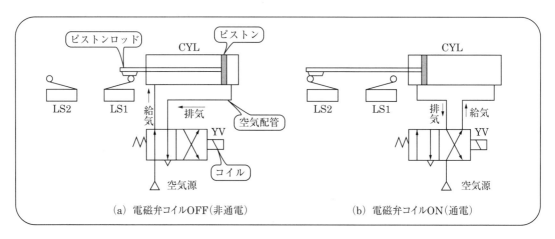

図9.4

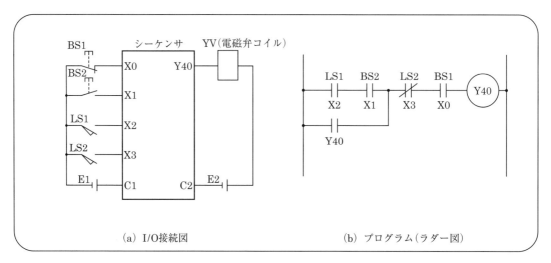

図9.5

給される空気はCYLの左室(ピストンの左側)へ流入(給気)し、右室に入っている空気は外へ流出(排気)されます。その結果、CYLのピストンは右に移動し、ピストンロッドがCYLの内部に引き込まれ(後退する)、リミットスイッチLS1が押されます。

これに対して図9.4(b)は、YVのソレノイドコイルに通電されているときの状態を示しています。YVのエアー通路が左側から右側に切り換わり、エアーはCYLの右室に流入し、左室にあったエアーは外に排出されます。その結果、CYLのピストンロッドは前進してリミットスイッチLS2が押されます。

図9.5(a)は、図9.4で説明したシリンダの動作を、シーケンサで制御するときの入出力機器接続図(I/O接続図)です。押しボタンスイッチBS1は、b接点で入力X0へ接続されています。BS2、LS1、LS2はa接点でそれぞれX1、X2、X3に接続されています。YVのソレノイドコイルは出力Y40に接続してあり、Y40がON状態になるとCYLは前進します。

【制御仕様】 BS2を押すとCYLが前進を開始し、LS2がONすると後退して停止する"CYLの1サイクル運転"のプログラムを設計します。ただし、BS1が押されると直ちに動作を終了すること。また、CYLが前進を開始すると、BS2から手を離してもLS2がONするまで前進し、一連の動作を完了すること。

【プログラム例】 図9.5(b)にプログラム例を示しました。このプログラムでは、CYLが後退位置にあって、LS1がONしている状態でBS2を押せば、出力Y40がONにセットされてサイクル動作を開始します。

図9.4(a)で示したように、電磁弁YVのコイルに通電されていない(Y40がOFF)場合には、CYLは後退状態になっているはずですから、"LS1がON"という条件は省略してもよいと思います。ただ、CYLの"原点"を後退位置とするなら、通常は原点になっていることを確認してから動作を開始させますから、LS1の条件は入れておいたほうが無難です。

サイクル動作を開始して、ロッドが前進端に達してLS2が押されると、入力X3がONとなってそのb接点が開放されます。その結果、Y40がOFF(Y40の自己保持が解除される)になってCYLは後退を開始します。BS2を押したままにしていない限り、CYLのロッドが後退端(LS1がON)に達して1サイクルの動作を終了します。Y40がON状態になってCYLが前進動作中にBS1が押されると、Y40がOFFになってCYLは直ちに後退を開始します。

9.1.3 三相誘導電動機の正転／逆転制御

三相誘導電動機は、モータ巻線の二相を入れ替えると回転方向を転換することができます。図9.6(a)で示した主回路接続図では、電磁接触器MC1の接点(a接点)が閉じれば三相誘導電動機Mは正転し、MC2の接点が閉じれば逆転します。ここでは正転のとき、L1相→U1、L2相→V1、L3相→W1と対応させ、逆転のときは、L1相→W1、L2相→V1、L3相→U1とし、L1とL3相を入れ替えます。

(b)は、このモータの正転と逆転の制御をシーケンサで行う場合の、入出力接続図です。停止用の押しボタンBS1は"b接点"で入力X0へ、正転用と逆転用のBS2とBS3は、それぞれ"a接点"で

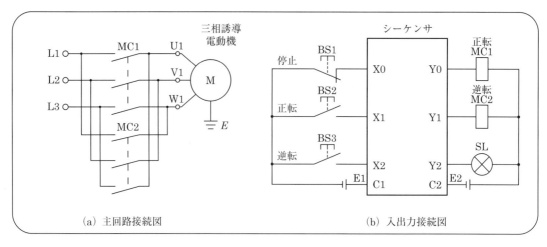

(a) 主回路接続図　　　(b) 入出力接続図

図9.6　三相誘導電動機の正転/逆転制御

X1とX2へ接続されています。一方，正転用のMC1は出力Y0へ，逆転用MC2はY1へ，表示ランプSLがY2に接続されています。

【制御仕様】
① BS2を押せばMが正転を開始し，BS3を押せば逆転を開始するが，いったんBS2あるいはBS3が押されると，手を離してもBS1が押されるまで回転を続けること。
② 回転方向を切り替える場合には，いったん停止ボタンを押さない限りできないようにすること。
③ 回転中はSLを点灯させること。

【プログラム例】　2つのプログラム例を図9.7に示しました。まず，(a)の回路を見てみます。初期状態では，出力Y0とY1はともにOFF状態ですから，BS2が押されるとY0がONになって自己

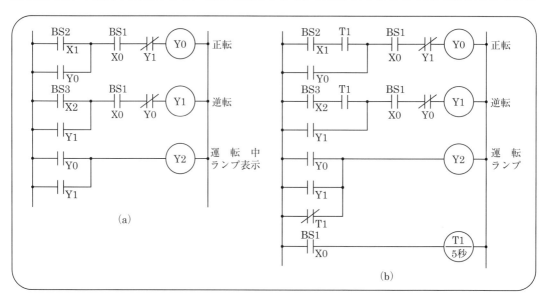

図9.7　三相誘導電動機の正転/逆転プログラム

保持されます。いったんY0がON状態になると，出力Y1の回路ではY0のb接点が開放され，BS3を押してもY1がON状態になることは絶対にありません。反対に，出力Y0とY1がともにOFFの初期状態でBS3が押されると，出力Y1がON状態になって自己保持され，BS2を押してもY0がON状態になることはありません。これは，Y0とY1の回路間で"相互インターロック"がとられているためです。この例題のように，"絶対に同時にON状態になってはならない回路間"では，必ずインターロックをとっておきます。Y0とY1間のインターロックによって，正転→逆転，逆転→正転への切り替えは，いったん初期状態に戻さない限りできないことになります。ON状態で自己保持されているY0またはY1は，BS1を押せば入力X0の"a"接点が開放されてOFFになり，初期状態に戻ります。なお，BS1が押されている限り，BS2とBS3の操作は無効になります。Y0とY1の回路では，BS1の操作が優先された"リセット優先回路"になっているためです。

　出力Y2は，Y0とY1のいずれかがONになるとON状態になり，SLが点灯して"運転中"であることを表示します。

　ところで，(a)の回路では，いったん停止ボタンBS1を押しさえすれば，すぐに回転方向の切り換えが可能になります。したがって，モータMの回転が止まっていない(電源が切られても慣性で回転)ときでも，強制的に逆方向へ回転させられるおそれがあります。このような場合には，機械的にも電気的にも大きな力がかかり，機械機構を破壊させたり電源に大きなショックを与えることになります。理想的には，回転方向を反転させる場合には，回転が完全に停止したことを確認してから起動させることです。

　(b)は，停止ボタンBS1を押してY0とY1をOFFにしても，タイマに設定されている規定時間が経過しない限り，BS2とBS3を押しても起動できないようにした回路例です。この例では，BS1を押したあと，5秒間はBS2およびBS3のボタン操作が無効になります。BS1を押して5秒以内にモータの回転が停止することを期待した"改善回路"です。BS1を押していったんT1をOFFにすると，BS1から手を離してもT1がタイムアップするまでの5秒間は，T1のb接点が閉(T1のa接点が開)になっているからです。

　Y0とY1がOFFになってもT1のb接点によって，5秒間はSLが点灯(Y2がON)していますから，消灯したことを確認してBS2またはBS3を押せばよいことになります。SLが点灯している間は，T1のa接点が開いている(OFF)ため，BS2やBS3を押してもY0やY1がONにセットされることはありません。ところで，(b)のプログラムでは，プログラムの実行を開始(シーケンサに電源を供給して動作("RUN")状態にする)したとき，BS2やBS3を押さなくても，5秒間だけ運転ランプが点灯します。なぜなら，T1の回路でタイマT1がタイムアップしてT1のa接点がON(閉じる)になるのは，プログラムの実行を開始して5秒後になるからです。すなわち，プログラムの実行開始後5秒間はT1のb接点がON状態ですから，この間出力Y2がONになって運転ランプSLが点灯します。5秒間の短い時間ですが，実際に運転中でもないのに，運転中を示す表示灯が点灯するのは好ましいことではありません。そこで，この欠点を修正したプログラムを図9.8に示します。このプログラムでは，表示灯SLは実際にモータが運転状態のときだけ点灯します。点線で囲った部分が修正したところです。図9.7(b)のプログラムと比較してみましょう。

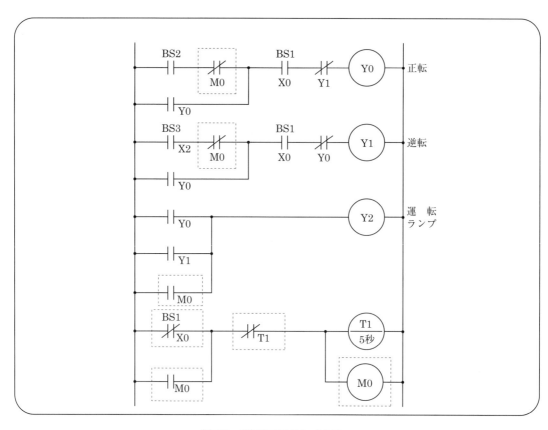

図 9.8　運転時だけランプ点灯

9.1.4　移動テーブルの連続往復制御

図 9.9 (a) は，前進と後退する移動テーブルの機構とセンサ (リミットスイッチ：LS1，LS2) の取付位置を説明したものです。テーブルは正転/逆転するモータで駆動され，ボールネジによって前進/後退します。テーブルが前進端に達するとLS2がONし，後退端に達するとLS1がON状態

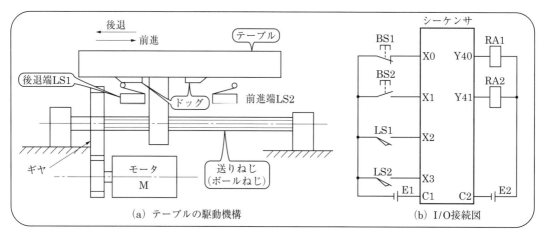

図 9.9　移動テーブルとI/O接続図

になります。

(b)はシーケンサへの入出力接続図です。LS1とLS2はともに"a接点"で，それぞれ入力X2とX3に接続されています。運転用の押しボタンスイッチBS2は"a接点"でX1へ，停止用のBS1は"b接点"でX0へ接続されています。モータMはリレーRA1とRA2で回転方向が制御され，出力Y40に接続されているRA1がONになるとテーブルが前進し，Y41に接続されているRA2がONになるとテーブルは後退します。

【制御仕様】

① 運転ボタンBS2を押すと，テーブルはLS1とLS2の間をくり返し往復移動し，停止ボタンBS1が押されると停止する。
② いったんBS2が押されると，SB2から手を離しても運転が継続されること。
③ BS1が押されている場合には，BS2を押しても運転が開始されないこと。

【プログラム例】 考え方の基本は，先に説明しましたモータの正転/逆転制御と似ています。BS2を押して運転を開始させ，ドグでLS1が押される（検出）と直ちにRA2をOFFにし，代わりにRA1をONにします。反対に，ドグでLS2が押されるとRA1をOFFにし，代わりにRA2をONにします。

図9.10にプログラム例を示しました。(a)の回路では，BS2が押されると信号M5がONになって自己保持されます。M5がONになると，出力Y40とY41のセット条件はともに満足されます。しかし，実際にON状態になるのは，Y40とY41の間でインターロックがとられていますから，1つだけになります。この例では，必ずY40がON状態になって，テーブルは前進を開始します。この理由は，プログラムのスキャン（実行の順序）の関係から，M5がONになって次に実行処理され

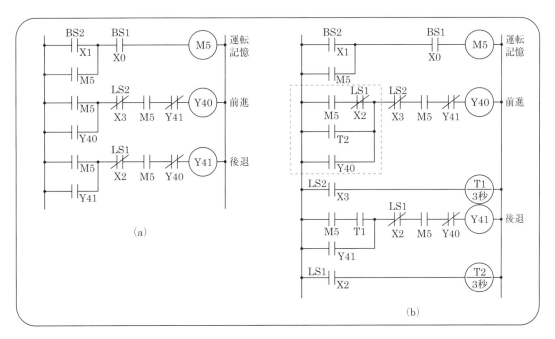

図9.10　テーブルの前進/後退連続運転プログラム

るのはY40の回路だからです。Y40がON状態になると，次に実行処理されるY41の回路では，Y40のb接点によるインターロックが作動し，M5がON状態であっても出力Y41は絶対にON状態になりません。自己保持されているY40がOFFになるのは，テーブルが前進端に到達してLS2がONになったときです。Y40がOFFになるとY40のb接点によるインターロックが解除され，Y41がONになってテーブルは後退を始めます。テーブルが後退端に達してLS1がONするとY41がOFFとなり，Y41に代わってY40がM5によってON状態にセットされます。この状態（テーブルの前後移動）は，BS1が押されて自己保持されているM5がOFFになるまで続きます。M5がOFFになればY40とY41の回路がリセット（リセット優先）され，テーブルは停止します。なお，初期状態（Y40とY41がともにOFF状態）でLS2がON状態である場合（テーブルが前進端で停止しているとき）は，BS2を押せばテーブルの移動は後退から開始されます。

　(b)は，前進端と後退端でそれぞれ3秒間停止させたあとで，移動方向を反転させるようにした回路例です。回路の詳細説明は省略しますが，Y40の回路の点線で囲った部分を説明しておきます。まず，M5とのANDでセット条件になっているX2のb接点ですが，これが挿入されていなければ後退から前進への反転時に，3秒間の停止をすることなく，M5によって直ちにY40がONにセットされてしまいます。3秒間停止してから後退から前進へ反転させるためには，X2のb接点を挿入する必要があります。後退端に達してLS1がONになった場合は，T2がタイムアップしたときにY40がONにセットされます。

9.2　第9章のトライアル

(1)　図9.10(a)のプログラムで，初期状態から運転を開始するとき，移動が後退方向から始まるようにするための簡単な方法を考えてください。

(2)　図9.11のようにシーケンサにBS1，BS2，LSおよびリレーRAが接続されているとき，BS1を押せばモータが回転を開始し，カムが1回転すれば停止するプログラムをつくってください。なお，BS1を押してモータの回転を開始させることができるのは，カムの位置が"定位置"になっているとき（図のようにLSが押されている）だけであり，カムが定位置になっていない場合は，BS2を押して定位置に戻すようにしてください。

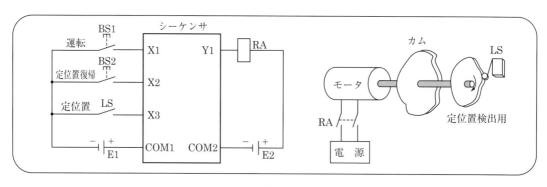

図9.11

ミニ解説

単相誘導電動機とリバーシブルモータ

一般に小型の単相誘導電動機といえば，図9.12(a)で示したコンデンサラン型で，起動時だけでなく，運転時にも常時補助巻線とコンデンサを使用します。起動トルクは運転トルクより小さくなりますが，構造が簡単で信頼性も高くなっています。負荷の大きさによって，モータの回転数が変化し，速度制御の必要がない用途に使われます。

一方，リバーシブルモータもコンデンサラン型の誘導電動機で，基本的には前述の単相誘導電動機と同じです。ただ，(b)で示したように，主巻線と補助巻線の区別がなく，正転運転時には，逆転運転時に使われていた主巻線が補助巻線として使われ，反対に逆転運転時には，正転運転時に使っていた主巻線が補助巻線として使われます。また，瞬時の正逆転特性（可逆特性）をよくするために，起動トルクを大きくするとともに，モータのオーバーランを防止するブレーキ機構（摩擦式）を内蔵しています。単極双投のスイッチ，または1回路切り換えスイッチで回転方向を簡単・瞬時に転換させることができるため，正転と逆転を頻繁にくり返す用途に利用されます。このように，瞬時可逆運転の必要な制御用として，優れた特性を発揮しますが，損失入力が大きいため，一般のインダクションモータに比べて温度上昇が高く，連続運転させて使用することができないので注意が必要です（通常，30分定格）。

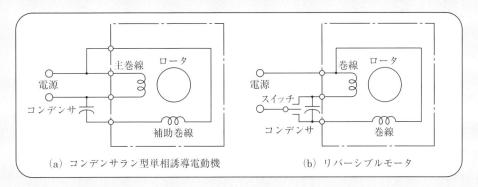

(a) コンデンサラン型単相誘導電動機　　(b) リバーシブルモータ

図9.12

第10章 プログラム演習(1) エレベータの運転プログラム

図10.1は、エレベータ模型の写真とその概略図です。このエレベータを制御仕様に基づいて、シーケンサで制御する問題を考えてみます。このエレベータは、モータMによって上昇/下降し、BF(地下)から2F(2階)までの各階にはセンサ(光電スイッチ)PHS1、PHS2、PHS3が取り付けられています。また、2Fの上部とBFの下部には、エレベータの暴走を防ぐために、リミットスイッチLS1とLS2が設置されています。

エレベータを操作する押しボタンスイッチ(BS1～BS4)、BF、1F、2Fを検出するセンサ(PHS1～PHS3)、およびモータ駆動用のリレー(Ra、Rb)は、図10.2(a)のようにシーケンサの入出力部に接続されています。非常停止用のBS1とサイクル動作中断用のBS2は、b接点でシーケンサに接続されています。また、エレベータを駆動するリレーRaとRbは、シーケンサの出力Y20と

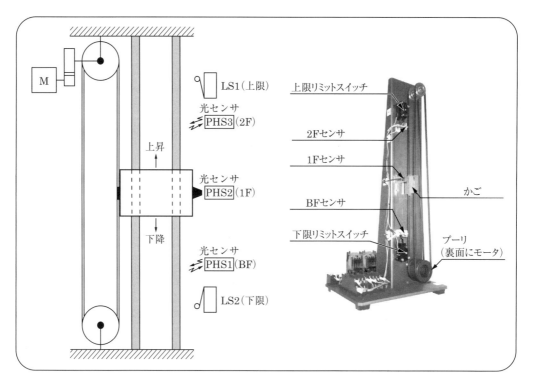

図10.1　エレベータ模型

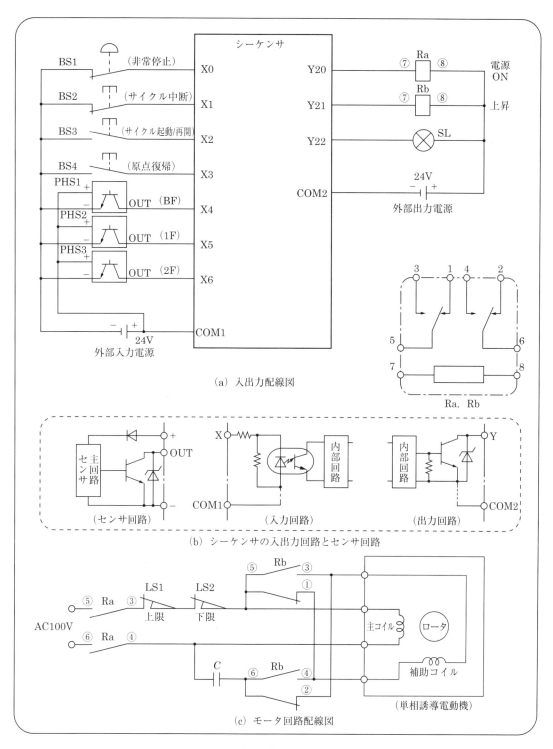

図 10.2 入出力配線図とモータ回路配線図

Y21に接続されており，RaがON状態でモータ回路に電源が供給されます。RaとRbがON状態になるとエレベータは上昇し，RaがONでRbがOFF状態のときには下降します。センサ（PHS1～

PHS3) 回路およびシーケンサの入力と出力の回路は，図10.2 (b) に示してありますから参考にしてください。

エレベータを上昇/下降させるモータは，単相誘導電動機（コンデンサモータ）で，図10.2 (c) のように配線されており，エレベータの暴走を防止するリミットスイッチ (LS1, LS2) は，シーケンサへは接続しないで，モータ回路へ "b接点で直列接続" してあります。この理由は，シーケンサのトラブルやセンサの故障が発生しても，上限 (LS1) あるいは下限 (LS2) のリミットスイッチを検出すると，モータ回路の電源が切れてモータ（エレベータ）の暴走を防ぐことができるからです。

10.1 制御仕様

プログラムは，制御仕様に基づいて設計します。このため，最初にエレベータの運転方法などを決める必要があります。ここでは，「制御仕様」を次のようにします。

① サイクル運転の開始：初期状態ではエレベータは1F（原点）で停止しており，"サイクル起動/再開" 用のBS3を押すと上昇を開始し，2Fで2秒間停止させます。2秒後に下降を開始させ，1Fを通過してBFに到着すると3秒間停止させます。3秒後に上昇を開始させ，1Fで停止させます。この一連の動作を1サイクル運転とします。

② サイクル運転の中断と再開：①の動作を1サイクル運転とし，サイクル運転中にBS2を押すとすぐに停止（運転の中断）させます。再びBS3を押すとサイクル運転を再開させます。

③ 非常停止：BS1は "非常停止用" の押しボタンで，サイクル運転中に押されると直ちに停止させ，BS3を押しても運転は再開できないようにします。

④ 原点復帰：非常停止によって各階の途中で停止しているエレベータは，BS4を押して1Fに戻します。これを "原点復帰" と呼びます。

10.2 プログラム設計

プログラムを設計する場合には，制御仕様をよく理解することが先決です。運転の1サイクルを行程順に分けると次のようになります。

［行程①］ 初期状態から運転を開始し，1Fから2Fへ上昇する。
［行程②］ 2Fに到着して2秒間停止する。
［行程③］ 2FからBFに向かって下降を開始し，1Fでは停止させない。
［行程④］ BFに到着して3秒間停止する。
［行程⑤］ BFから1Fに向かって上昇する。
［行程⑥］ 1Fに到着し，サイクル運転を終了する。

この問題では，行程①～⑥まで，行程別にそれぞれのプログラムを設計するのは難しくありません。少し考えなければならない点は，サイクル途中で運転を中断させ，BS3を押して運転を再開させる方法です。たとえば，行程の動作をみると，上昇の動作は行程①と⑤で二度あり，運転を

行程①の途中で中断した場合と行程⑤の途中で中断した場合とでは，サイクル運転再開後の処理が異なります。行程①で再開させた場合は2Fで停止させ，2秒後には下降を開始させて1Fに達してもそのまま通過させ，1サイクルの運転を継続させる必要があります。これに対して，行程⑤で再開させた場合は，1Fに到着すれば停止して運転が終了します。

このようなプログラムを設計する場合，動作や処理内容に分けて，それぞれの回路を設計する方法などいろいろ考えられますが，ここでは"実行中の行程を記憶"させ，それに基づいて運転を再開させる方法を採用してみます。順番に回路を考えてみましょう。

10.2.1 サイクル運転のプログラム

最初は［行程①］の回路で，図10.3の①-1のようになります。エレベータが1Fに停止しているとき（初期状態），BS3を押せばM40がONになり自己保持されます。このM40を上昇モード1と名づけて記憶しておきます。上昇モード1が終了するのはエレベータが2Fに到着したときですから，PHS3を検出して入力X6がONになれば，M40をOFFにします。M40がONになればエレベータを上昇させればよいので，このM40で出力Y21を直接ONにする回路を作成すればよいことになります。

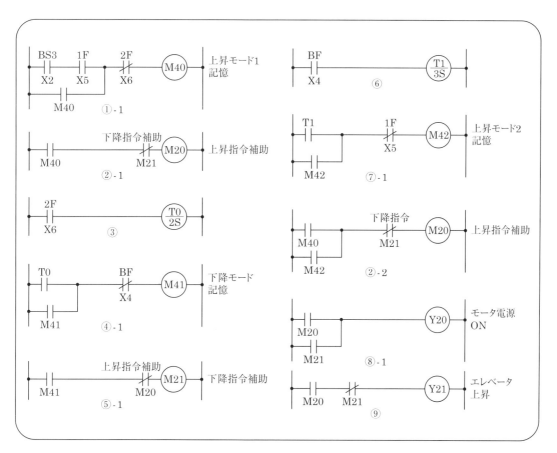

図 10.3

しかし，このプログラム演習では，上昇指令と下降指令の"補助信号"をつくり，電源供給指令の出力Y20と上昇指令出力Y21の回路は，最後にこれらの補助信号を使ってつくることにします。

上昇指令の補助信号をM20とすれば，その回路は図10.3の②-1のようになります。この回路では，"上昇指令"と"下降指令"が同時にON状態にならないように，2つの信号回路間で相互インターロックがとられています。下降指令の補助信号回路は，まだつくられていませんが，これを"M21"としておきます。

次は［行程②］で，2Fに達してPHS3を検出したとき，2秒間停止させるタイマ回路です。タイマをT0とすれば，その回路は図10.3の③のようになります。

次の［行程③］では，T0がタイムアップしたときに下降を開始させればよいので，これを「下降モード」としてM41に記憶させておきます。その回路は図10.3の④-1のようになります。このモードが終了するのはエレベータがBFに到着したときですから，M41はPHS1を検出して入力X4がON（b接点が開放）になったとき，リセットされます。M41がON状態になってエレベータを下降させる下降指令の補助信号"M21"の回路は，図10.3の⑤-1になります。もちろん，上昇指令の補助信号M20との間でインターロックをとっておきます。

次の［行程④］の回路は，BFで3秒間停止させるためのタイマ回路です。タイマをT1とすれば，その回路は図10.3の⑥になります。

次の［行程⑤］では，T1がタイムアップしたときに上昇させればよいので，回路は図10.3の⑦-1のようになります。これを「上昇モード2」としてM42に記憶しますが，M42がOFFになるのは，エレベータが1Fに到着して入力X5がONになったときです。

これで，1Fからスタートした1サイクル動作が終了します。もちろん，M42がON状態になればエレベータは上昇しなければならないので，図10.3の②-1の上昇指令補助M20の回路は「上昇モード2」の条件を追加して，図10.3の②-2のようにする必要があります。

最後は，上昇指令補助信号M20と下降指令補助信号M21を使って，出力Y20とY21の回路を作成します。まず，モータに電源を供給するためには，リレーRaを作動させる必要があります。このためには，M20がONになった場合もM21がONになった場合にも，出力Y20がONになるようにすればよい。この回路は，図10.3の⑧-1になります。一方，エレベータを上昇させる場合は，リレーRbを作動させればよい。したがって，出力Y21の回路は図10.3の⑨になります。この回路では，念のためにM21のb接点をAND接続してありますが，M20の回路とM21の回路間で相互インターロックをとってあるので，省略しても差し支えありません。

以上で，エレベータが1Fに停止しているときBS3を押せば，行程①〜⑤までのサイクル運転を行うプログラムが設計できたことになります。もう一度図10.3のプログラムを確認してください。

10.2.2 サイクル運転の中断と再開

次に，サイクル運転の中断と再開ができるように，図10.3のプログラムに手を加えてみましょう。まず，BS2が押されたとき，サイクル運転中のエレベータを停止させるためには，出力Y20をOFFにすればよいことがわかります。

そのためには，上昇指令補助信号M20と下降指令補助信号M21がOFFになればよい。M20をOFFにするには，M40とM42をOFFにすればよい。また，M21をOFFにするには，M41をOFFにすればよい。しかし，自己保持されているM40，M41，M42は，BS2が押されたときにリセット（OFFにする）させるわけにはいきません。なぜなら，これらの信号をOFFにした場合には，BS3を押しても，中断しているサイクル運転を再開させることができなくなるからです。したがって，出力Y20をBS2の接点（入力X1）で強制的にOFFにする必要があります。ところが，単純に入力X1の接点で出力Y20をOFFにした場合，BS2から手を離すと同時に運転を再開してしまいます。「運転モード」は，M40，M41，M42によってその運転モードが"完全に終了するまで記憶"されているからです。

この問題を解決するためには，BS2（サイクル中断）が押されたことを記憶する"中断記憶信号"をつくり，この信号で出力Y20をOFFにすればよい。"中断記憶信号"は，BS3（サイクル再開）が押されたときにOFF（リセット）にすればよい。"中断記憶信号"をM50とすれば，その回路は図10.4の⑩のようになります。BS2はb接点がシーケンサの入力X1に接続されていますから注意してください。中断記憶信号M50で出力Y20がOFFになるようにすると，図10.3の⑧-1は図10.4の⑧-2になります。

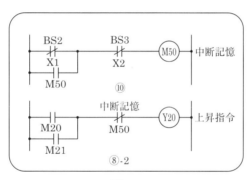

図10.4

図10.4の⑧-2の回路では，BS3が押されてM50がOFFになると，記憶されている運転モード信号（M40，またはM41，またはM42）によって，上昇補助指令M20または下降補助指令M21がON状態になっているので，Y20がON状態になって中断していた運転が再開されます。これで，サイクル運転の開始から，中断，再開までのプログラムができたことになります。

10.2.3　非常停止と手動復帰（原点復帰）

最後は，BS1を押して非常停止させたあと，BS4を押して1Fまで戻す**手動復帰**のプログラムです。BS1が押されたときに停止させるのは簡単で，ON状態にセットされている信号をすべてリセットするだけです。すなわち，これまでに設計してきたM40，M41，M42，および出力Y20をBS1の入力信号X0で直接リセットします。これらの回路は，図10.5になります。BS1はb接点がシーケンサへ入力されていますから注意しましょう。

次に，手動操作でエレベータを1Fまで運転するプログラムを考えますが，その前に制御仕様の

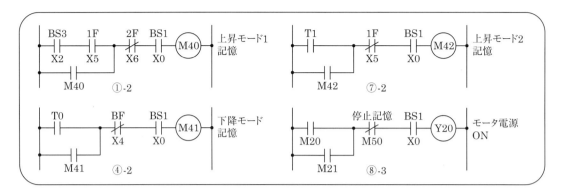

図 10.5

④をもう一度読んでください。原点への復帰はエレベータがどんな位置で停止していても，BS4が押されると原点 (1F) へ直接戻さなければなりません。このようすを図10.6で説明しましょう。この図では，非常停止ボタンBS1が押されたとき，エレベータがA点あるいはB，C，D点にいた場合について説明しています。この図を見るとわかるように，AまたはB点でBS1が押されて非常停止した場合は，BS4が押されると"下降動作"をする必要があります。これに対して，CまたはD点でBS1が押されて非常停止した場合は，BS4を押せば"上昇動作"をさせなければなりません。ところが，エレベータがBF，1F，2F以外の位置にいないときには，どの位置で停止しているのかがわかりません。どの位置にいるのかがわからなければ，原点復帰させるときに上昇動作をさせればよいのか下降動作をさせればよいのか判断できません。したがって，原点へ直接戻すためには，BS1が押されたときに，エレベータがどの位置にいたかを記憶しておく必要があります。

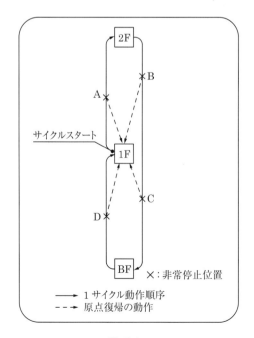

図 10.6

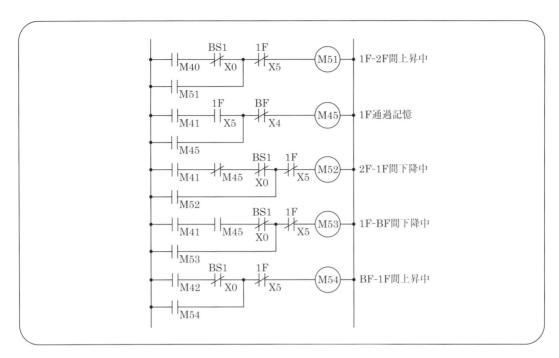

図10.7

　それでは，エレベータがどの位置にいたかを記憶する回路を考えてみましょう。図10.7に一例を示しました。M51は1Fから2Fへ上昇中（A点）に，BS1が押されたことを記憶する信号です。同様に，M52は2F-1F間を下降中（B点），M53は1F-BF間を下降中（C点），M54はBF-1F間を上昇中（D点）に，BS1が押されたことを記憶する信号です。

　1F-2F間を上昇中は，「上昇モード1」の記憶信号M40がONになっていますから，この状態でBS1が押されて入力X0のb接点が導通（BS1はb接点でシーケンサへ入力されている）すると，M51がONになって自己保持されます。M51のリセットは，BS4が押されてエレベータが1Fに戻ったときに行えばよい。

　次に，2F-1F間を下降中（B点）と1F-BF間を下降中（C点）は，「下降モード」の記憶信号M41がONになっています。ところが，B点であるかC点であるかの判定をM41の信号だけで行うことができません。その判定をするために考えたのが，M45の回路です。M41はエレベータが2Fから下降を開始してBFに到着するまでONになっています（図10.5の④-2）が，1Fを通過（入力X5がON）すればB点からC点へ移動したことがわかります。M45は，M41がON状態で1Fを検出（X5がON）したときにONにセットされます。したがって，M45のON状態は，エレベータが1Fを通過したことを意味します。反対にM45がOFF状態であれば，エレベータは2F-1F間を下降中（B点）であることを示しています。

　このため，M41がON状態でM45がOFFのときにBS1を押せば，M52がONになって，2F-1F間を下降中（B点）であったことを記憶します。同様に，M41がON状態でM45がONのときにBS1を押せば，M53がONになって，1F-BF間を下降中（C点）であったことを記憶します。

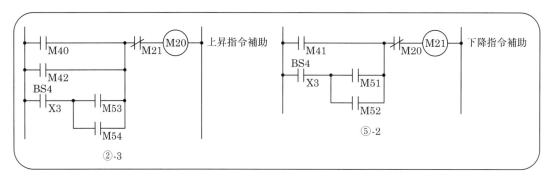

図 10.8

　最後はBF-1F間を上昇中(D点)の記憶ですが，この場合には「上昇モード2」の記憶信号M42がON状態になっています。したがって，M51の回路と同じ考え方をすればよく，M54の回路になります。BS1を押したとき，どこで停止しているかがわかれば，BS4を押して原点へ復帰させることは簡単です。AまたはB点で停止している場合には，エレベータに下降指令を出し，CまたはD点で停止している場合には，上昇指令を出せばよい。このためには，上昇指令補助M20の回路(図10.3の②-2)と下降指令補助M21の回路(図10.3の⑤-1)に，原点復帰をさせる場合の条件を追加するだけです。これらの回路は図10.8のようになります。図10.8の②-3の回路では，M53またはM54がONのときにBS4を押せば，押している間だけM20がONになります。また図10.8の⑤-2の回路では，M51またはM52がON状態のときにBS4を押せば，押している間だけM21がONになります。したがって，BS1を押して非常停止させた場合は，BS4を押せば(BS4を押したり離したりする"寸動操作"でよい)1Fへ原点復帰します。

10.2.4 まとめ

　図10.9は，これまで設計してきた回路を整理してまとめた"完成プログラム"ですが，点線で囲ったところは修正あるいは追加した部分です。最初に，M40，M41，M42について，図10.5の①-2，④-2，⑦-2の回路と比較してください。

　図10.5の①-2のM40では，非常停止BS1の「X0のa接点」が「M51のb接点」に置き換えられています。同様に図10.5の④-2のM41では，「X0のa接点」が「M52のb接点とM53のb接点のAND接続」に置き換えられています。また，図10.5の⑦-2のM42では，「X0のa接点」が「M54のb接点」に置き換えられています。

　この理由をM40の回路で考えてみましょう。図10.5の①-2において，M40がONになってエレベータが1Fから2Fへ上昇中に非常停止のBS1を押したとします。当然X0のa接点が開いて，M40がOFFになります。一方，1F-2F間を上昇中にBS1が押されたのですから，図10.7で示したM51がONにセットされなければなりません。ところが，図10.5の①-2でM40がOFFになっているので，BS1を押してもM51がONになることができません。BS1を押してもM51がONにセットできなければ，BS4を押しても原点復帰を行うことができません。これを解決するためには，非

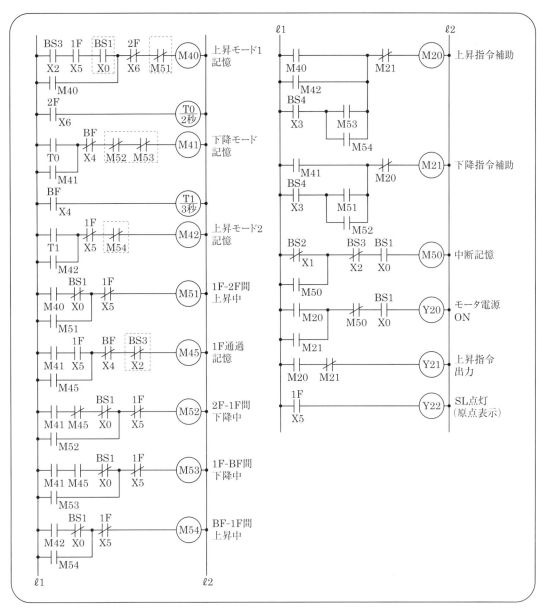

図 10.9

常停止 BS1 が押されたとき，M40 をリセットするより先に M51 を ON 状態にして自己保持させ，そのあとで M40 をリセットする必要があります．すなわち，M51 が ON になったときに M40 をリセットすればよいので，「X0 の a 接点」を「M51 の b 接点」に置き換えます．これは，M41 と M52 および M53 との関係，M42 と M54 の関係についても同じです．M52 または M53 が ON になったあとで M41 をリセットし，M54 が ON にセットされたあとで M42 をリセットします．

なお，図 10.9 の M40 の回路で，M40 の"セット条件"として BS1（X0 の a 接点）を追加したのは，非常停止の BS1 が押されている場合には，BS3 が押されても M40 がセットされるのを防止するた

めです。もしこれを省略した場合，非常停止BS1が押された状態でBS3が押されたときにもM40がセットされるため，非常停止を解除したとたんにエレベータが上昇してしまいます。

最後は，図10.9のM45の回路です。この回路では，BS3を押したときにM45がリセットされるように，X2のb接点を"リセット条件"に追加しました。この理由は，1F-BF間を下降中に非常停止させ，BS4を押して原点復帰させても，エレベータはBFを通過しないで1Fに戻るため，M45がリセットされずにON状態のままになるからです。このため，ここではサイクル動作のスタート時にM45がリセットされるようにしました。なお，図10.9の回路では，エレベータが1F(原点)に停止あるいは通過中に，ランプSLが点灯するようにしてあります。

通常は，設計が終了しても修正や変更をしないで，プログラムが完成することはまずありません。完成させるまでに何度も修正や追加・変更を行いますが，この作業を"デバッグ"作業といいます。図10.9のプログラムも図10.1で示したエレベータ模型を実際に動作させ，点線で囲ったところを修正して制御仕様を満たしていることを確認し，"完成プログラム"としたものです。

ところで，同じ制御仕様に基づいて，10人がプログラムを設計したとしましょう。完成させたプログラムを比べてみると，10人それぞれで異なっているでしょう。もちろん，プログラムを動作させたときの結果はみんな同じです。このことは，シーケンサのプログラムもコンピュータのプログラムと同じで，制御仕様に対する"解答"はたくさんあり，どれも"正解"です。しかし，たくさんある正解の中で，設計者以外にもわかりやすくつくられているプログラムが"ベスト"です。図10.9のプログラム例が皆さんにわかりやすければ，"よいプログラム"です。

10.3　第10章のトライアル

(1)　図10.2(a)で，BF検出用のセンサPHS1が壊れ，BFが検出されていないのにもかかわらず，入力信号X4がON状態のまま("常時ON")になってしまった。この場合，図10.9のプログラムでBS3を押してサイクル動作を開始させたとき，エレベータはどのような状態になりますか。

(2)　センサPHS1～PHS3の1個でも壊れ，壊れているセンサが"常時ON"状態となったとき，それを検出する回路をつくってください。

第11章 算術演算とデータ処理

　シーケンサで行われるデータ処理の基本は，**算術演算命令**を使って，データの加算・減算・掛算・割算の四則演算を行うことです。これらの計算を行うとき，取り扱うデータの形式や大きさに注意しなければなりません。扱う数値データは10進数だけとは限らないうえ，扱えるデータの大きさ（範囲）に制限があるからです。

　一方，算術演算命令をラダー回路で表現する場合，シーケンサのメーカ間で基本命令ほどには標準的にはなっていません。ここでは，三菱電気のMELSEC-Aシリーズを例に，**四則演算命令**のほか，関連命令として**データ形式変換命令**，**比較演算命令**，**データ転送命令**を取り上げます。

11.1 データ形式

　われわれは"10進法"で計算しますが，シーケンサの内部（マイクロプロセッサ）では"2進法"で算術演算を処理します。ところが，2進数（法）で数値を表現すると"0"と"1"の数がやたらに多くなり，非常にわかりにくくなってしまいます。一方，限られた信号線でできるだけ多くの情報を送受するためには，信号線をコード化するほうが有利であり，8進コード，16進コード，BCD（2進化10進数）コードが利用されています。シーケンス制御でも10進表現のほか，2進表現，8進表現，16進表現やBCD表現も使われています。シーケンサの算術演算命令も「2進（BIN）演算命令」，「BCD演算命令」が標準的であり，定数なども2進形式や16進形式で指定することができます。図11.1に，10進表現に対する2進，8進，16進，BCD表現の対応表を示してあります。

11.1.1　2進表現

　数値を2進形式で表現すると，1本の信号線で2つの状態が表現できます。すなわち，各桁（ビット）は"0"と"1"のいずれかであり，2を基数とした各桁がそれぞれの"重み"をもっています。たとえば，10進数値の16を2進表現すると"10000"となり，1桁目は2^0，5桁目は2^4の重みをもっています。

11.1.2　8進表現

　8進表現は，3本の信号線を1単位として扱うことにより，0〜7までの数値を表現させるもので

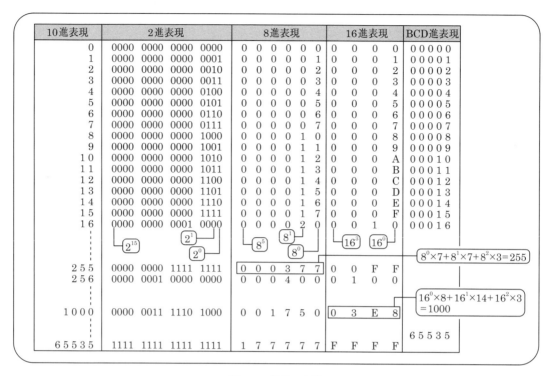

図 11.1 数値の表現

す。すなわち，2進表現の桁（ビット）を下位から3桁ずつで区切り，区切られた3ビットで0～7の数を表現します。8進表現の各桁は，8を基数とする重みをもっています。

11.1.3 16進表現

16進表現では，4本の信号線を使い，16種類の状態（数値では0～15まで）を表現できます。すなわち，2進表現の桁を下位から4桁ずつで区切り，区切られた4ビットで0～15の数を表現します。16進表現の1桁では10以上の数を表現できないので，0～9までは数字の0～9を使い，10～15にはアルファベットのA～Fを使います。16進表現の各桁は，16を基数とする重みをもっています。

数値を16進数で表現するとき，先頭または最後に"H"をつけることが多い。すべての桁が数字だけの場合に，10進表現と区別できないためです。たとえば，H10（または10H）と書かれている場合は，10進数の16，H2A（または2AH）と書かれている場合は10進数の42を表します。

11.1.4 BCD表現

BCD表現は，16進表現と同じく2進表現の桁を下位から4ビットずつに区切り，4ビットで10進数の0～9を表現します。ディジタルスイッチで0～9の数（設定値）をシーケンサへ入力する場合には，数値をコード化した**BCDコード（形式）**が利用されます。

11.1.5 符号つき2進数

図11.1で示した2進数は，正負の符号については考えておらず，これは"符号なしの2進数"です。これに対して，正負の符号も表現した2進数を"符号つき2進数"といいます。

符号つき2進数では，最上位のビット（桁）を正負の判定に使用します。最上位のビットが"0"のときは，"真数（符号は正）"を表しています。ところが，最上位のビットが1の場合は"負"を意味しますが，"真数"を表していません。数値は"2の補数"で表現されており，これをもう一度"補数化"しなければ"真数（符号は負）"は得られません。

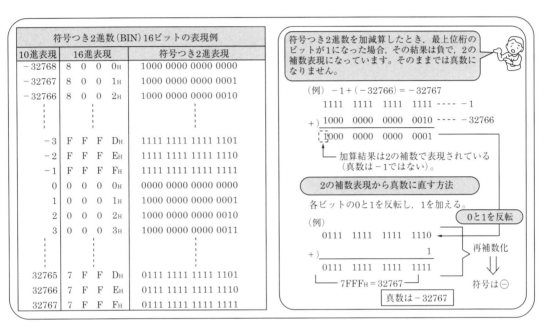

図11.2　符号つき2進数と真数への変換法

図11.2に16ビットの符号つき2進数で表現できる数値と，補数化の例を示しました。16ビットで表現できる値は，10進数の−32768〜+32767の範囲です。ちなみに，16ビットの符号なし2進数では，最上位ビットが2^{15}の重みをもっているので，0〜65535まで表現できます（図11.1参照）。

符号つき2進数を加減算して，最上位ビットが"1"になり，その結果を"再補数化"して真数に変換する場合は，次のようにします。まず，加減算結果の0と1を反転（1の補数という）し，その結果に1を加えます。あるいは，加減算の結果を2進数形式のまま，0から引き算しても同じです。たとえば，(−1)+(−32766)=−32767を符号つき2進形式で計算すると，その結果は"1000000000000001"となります。最上位である15ビット目（最下位のビットを0ビット目として数える）が"1"ですから，加算の結果が"負"になることは，ここで判定できます。また，この結果を2の補数に"再補数化"すると，"0111111111111111"となり，これは10進数の32767です。符号はもちろんマイナスであり，真数は−32767となります。

11.2 算術演算の関連命令

算術演算を行うとき，2進（BIN）形式のデータと2進化10進（BCD）形式のデータを，そのまま計算することはできません。すなわち，計算処理するデータ形式が異なっている場合には，計算処理する前にデータの形式を一致させるために，データの形式を変換する**データ形式変換命令**を使います。ここでは，算術演算の関連命令として，「データ形式変換命令」のほか，データとデータの大きさを比較する**比較演算命令**，計算するデータをレジスタなどへ送り込んだり取り出す**データ転送命令**を取り上げます。

11.2.1 データ形式変換命令
(1) BIN→BCD

図11.3で示した**BCD命令**は，16ビットの2進数（BIN）を4桁の2進化10進数（BCD）に変換する命令です。ここで示した例では，X0がON状態のときにこの変換命令が実行され，データレジスタのD0に格納されているBINデータ"0000011110010101"がBCDデータの"1941"に変換されて，出力Y40〜Y4Fに出力されます。なお，Ⓢで指定されるソースデータが0〜9999以外のときは，演算エラーとなり，エラーフラグがONになります。これは，変換された値が0〜9999以外のときには，Ⓓで指定される16ビット（4桁のBCD）に格納できないためです。

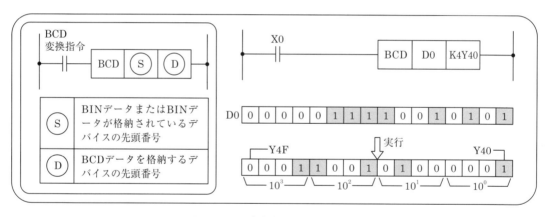

図11.3　BCD命令（BIN→BCD変換）

(2) BCD→BIN

図11.4で示した**BIN命令**は，4桁の2進化10進数（BCD）を16ビットの2進数（BIN）に変換する命令です。ここで示した例では，M0がON状態のときにこの変換命令が実行され，入力X00〜X0Fから入力される4桁のBCDデータをBINに変換し，データレジスタのD0に格納します。すなわち，4桁のBCDデータ"9999"がBINデータ"0010011100001111"に変換されて，D0へ格納されます。なお，Ⓢで指定されるソースデータの各桁が0〜9以外のときは，演算エラーとなり，エラーフラグがONになります。

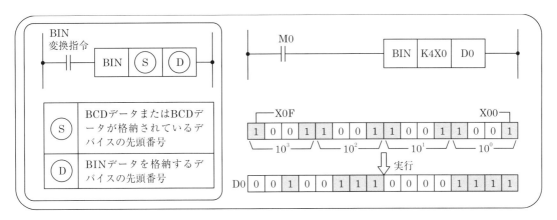

図11.4 BIN命令（BCD→BIN変換）

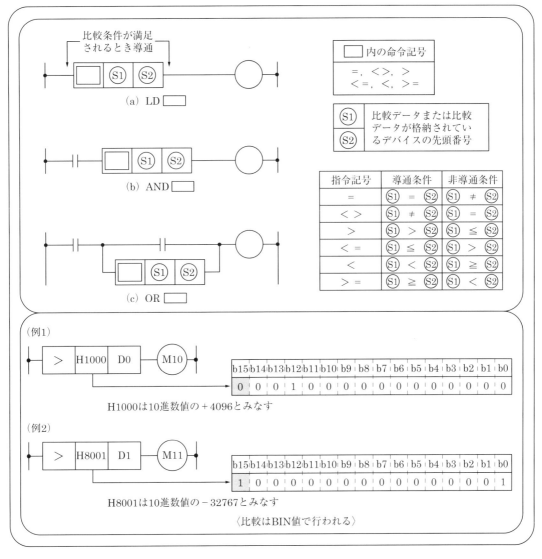

図11.5 比較演算命令

11.2 算術演算の関連命令

11.2.2 比較演算命令

図11.5に命令を説明しました。これらの命令は，16ビットあるいは32ビットのデータどうしを比較し，その結果が指定した命令記号（＝，≠，＜，＞，≦，≧）に合致する場合は，この命令部分が導通状態になります。比較結果が指定した命令記号と不一致の場合は，この命令部分が非導通状態になります。たとえば，図11.5(a)で命令記号が"＝"のとき，⑤1で指定したデータと⑤2で指定されたデータが等しい場合には，この命令部分が導通状態になるので，出力がON状態になります。比較した結果が⑤1≠⑤2ならば，この命令部分が導通状態にならないため，出力はOFFになります。

なお，比較命令は指定されたデータを"BIN値"とみなして比較します。そのためBCD値や16進数での比較を行う場合，最上位ビット（16ビット命令ではb15，32ビット命令ではb31）が1になる数値（8〜F）を指定した場合は，BIN値の"負の数"とみなして比較します（図11.5の例1と例2を参照）。

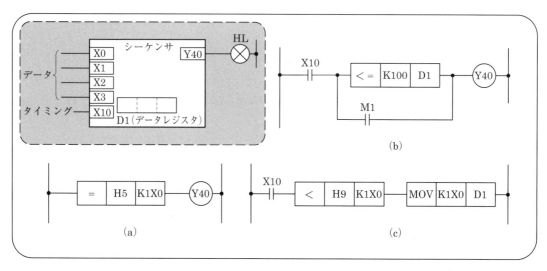

図11.6　比較演算命令の使用例

図11.6に使用例を示しました。(a)は，X0〜X3から入力される4ビットのデータと16進数の5を比較する例です。入力データの値が5と等しいとき，出力Y40がON状態になります。なお，"K1X0"は，入力X0を最下位ビット（LSB：least significant bit）とする4ビットを意味します。"K1"は桁指定で処理される単位が4ビットであることを意味し，8ビット単位ならK2，12ビット単位ならK3，16ビット単位ならK4と記述します。

(b)は，10進数値の100（K100）とデータレジスタD1のデータを比較する例です。このプログラム（回路）では，入力X10がON状態であるとき，比較結果が(100)≦(D1の値)，あるいはM1がONであるなら，出力Y40がONになります。(c)では，X0〜X3から入力される4ビットのデータと16進数の9とを比較し，比較結果が9＜(入力データの値)ならば，入力X10がONになったタイミングでMOV命令が実行され，入力データをデータレジスタのD1へ格納します。比較結果が9≧(入力データの値)の場合は，X0〜X3の入力データはD1へは格納されません（MOV命令が

実行されない)。

11.2.3 データ転送命令

MOV命令で代表されるデータ転送命令を図11.7に示しました。MOV命令では，Ⓢで指定されたデバイスの16ビットデータをⒹで指定されたデバイスへ転送します。また，DMOV命令では，Ⓢで指定されたデバイスの32ビットデータをⒹで指定されたデバイスへ転送します。11.8に使用例を示しました。(a)のプログラムでは，M0がON状態のとき，入力X00～X0Bの12ビットのデータが，D0へ転送（格納）されます。(b)のプログラムでは，X0がONしたとき，200を2進数値でD0へ格納します。実行後のD0は，BINデータで"0000000011001000"になります。(c)のプログラムでは，M0がONしたときにDMOV命令が実行され，入力X00～X1Fの32ビットデータが

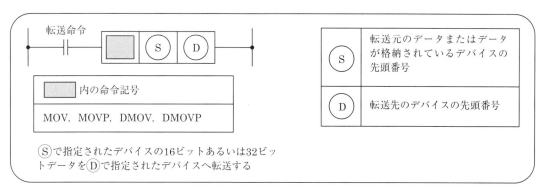

図11.7　転送命令(MOV)命令

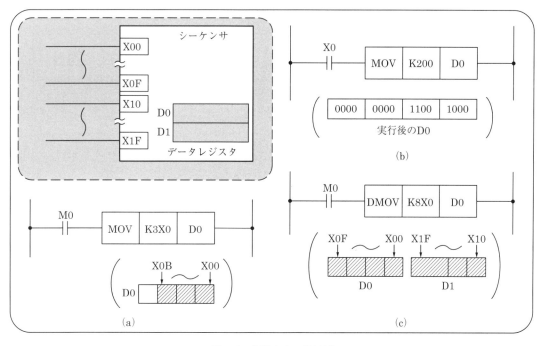

図11.8　転送命令の使用例

データレジスタのD0とD1に格納されます。D0へは"下位16ビット"のX00～X0F，D1には"上位16ビット"のX10～X1Fが格納されます。

11.3 算術演算

11.3.1 BCDデータの四則演算

目標生産個数などを設定する場合，ディジタルスイッチがよく使われますが，設定値は"BCDコード形式"でシーケンサへ入力されることが多い。また，シーケンサから表示器などへデータを出力する場合も，BCDコードで出力されることが多い。このようにBCD形式で入力されたデータを算術演算して，その結果を同じBCD形式で出力する場合には，BCD形式で算術演算すると便利です。この場合，片方のデータ形式が2進数形式なら，算術演算を実行する前にBCD命令を使って，2進形式のデータをBCD形式に変換しておく必要があります。形式の異なるデータを直接算術演算することはできません。

(1) BCDデータの加算

図11.9に，4桁のBCD加算命令「B+」を使ったプログラムと実行例を説明しました。B+命令には，①と②のタイプがあります。①は，Dで指定されたBCDデータとSで指定されたBCDデータの加算を行い，加算の結果をDで指定された場所へ格納します。したがって，加算命令を実行す

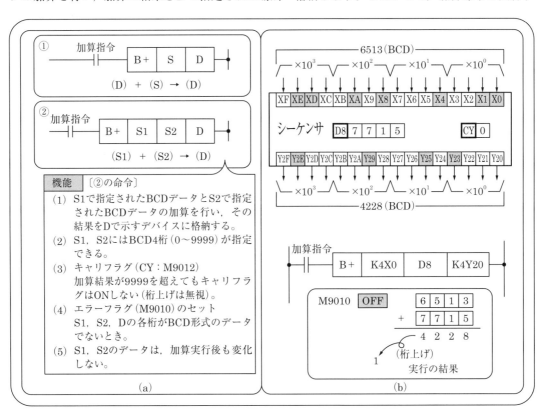

図11.9 4桁のBCD加算

ると，Dに格納されていた元のデータは変化します。②は，データの格納場所(S1，S2)と加算結果の格納場所(D)が別個になっており，加算命令を実行しても，S1とS2に格納されているもとのデータは変化しません。

図11.9(b)で示したプログラム例では，S1のデータはシーケンサの入力部から入力し，S2のデータはデータメモリD8に格納されています。S1のデータは，入力X0～XFから16ビットが一括して入力されます。その値はBCD形式で"6513"です。一方，S2のデータは，16ビットで構成されるデータレジスタのD8に格納されており，その値はBCD形式で"7715"です。加算の結果は，BCD形式で4桁分が一括して出力Y20～Y2F(K4Y20と記述)から出力されます。

ここで，BCD加算の実行結果がどうなっているかに注意してください。1つは，エラーフラグ(M9010)がセットされているか否かのチェックです。この例では，S1とS2の加算データの形式はいずれもBCD形式ですから，エラーフラグはセットされません。もちろん，加算命令の実行後にエラーフラグがセットされていれば，正しい結果は得られていません。したがって，BCD加算命令を実行したあとで，エラーフラグがセットされていないことを確認して，その結果を利用しなければなりません。なお，エラーフラグは第2章の2.1.3項の(4)で説明した"特殊メモリ"の1つであり，このシーケンサでは"M9010"がONになれば，演算(加算)を実行処理したときにエラーが発生したことを示しています。

2つ目は，"桁あふれ"が発生していないかのチェックです。エラーフラグがセットされていない場合でも，加算結果が9999を超えると，桁上げが発生します。この例でも，シーケンサの出力部からはBCD形式で"4228"が出力されていますが，これは計算(6513 + 7715 = 14228)の答えの"下4桁"が出力されているだけです。すなわち，5桁目へ桁上げされた1の処理ができていません。キャリーフラグがセットされるシーケンサでは，これを利用して5桁目を出力させることができます。これに対してB+命令の場合には，桁上げが生じてもキャリーフラグが無視されるため，キャリーフラグを使ってBCDデータの5桁目を処理することはできません。加算されるデータの大きさを判断して，桁上げをプログラムで処理することもできますが，4桁のBCD加算で桁上げが予測される場合には，「DB+」命令(8桁のBCD加算命令)を使うのも1つの策です。

(2) BCDデータの減算

MELSEC-Aでは，4桁のBCD減算命令「B-」と8桁のBCD減算命令「DB-」があります。図11.10に，4桁のBCD減算命令「B-」を使った，プログラムと実行例を説明しました。このBCD減算命令についても，加算命令と同様に，実行前の正負判定処理や命令実行後のエラーフラグに注意して，プログラムを作成する必要があります。

図11.10(b)の例では，減算指令(M5)がONになったとき，データレジスタD1のBCDデータ"6513"から，データレジスタD2のBCDデータ"7715"を減算し，その結果を出力Y20～Y2FとY30に出力します。Y30は，Y20～Y2Fに出力した数値が負のときONになります。プログラム例では，減算命令「B-」を実行する前に，D1の値とD2の値の大きさを比較し，その結果によって"(D1)-(D2)"を計算すべきか，"(D2)-(D1)"を計算すべきかを判断しています。すなわち，(D1)≧(D2)なら"(D1)-(D2)"の減算を実行し，結果の符号は"正"ですからY30はOFFにし

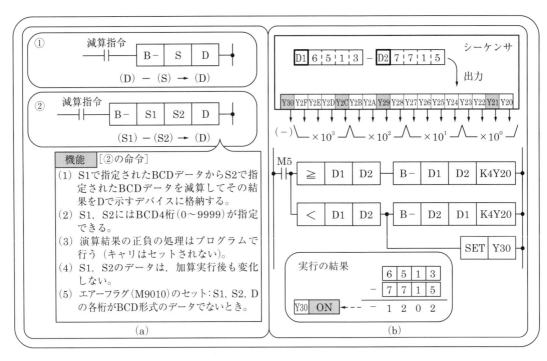

図 11.10 4桁のBCD減算

ます。反対に，(D1)＜(D2)なら"(D2)−(D1)"の減算を実行し，Y30をONにして，Y20〜Y2Fへ出力した数値が"負"であることを示します。

(3) BCDデータの乗算

図11.11に，4桁のBCDデータの乗算命令とプログラム例を示しました。命令記号「B＊」は，S1で指定する4桁の被乗数データ（BCD形式）とS2で指定する4桁の乗数データ（BCD形式）を乗算し，その結果をDで指定するデバイスへBCD形式で格納する「BCD乗算命令」です。結果を格納するDは，BCD形式で8桁分が用意されるので，乗算結果がオーバーフローすることはありません。ちなみに，9,999×9,999＝99,980,001であり，8桁に収まります。エラーフラグ（M9010）は，S1あるいはS2のデータ形式がBCD形式でないときにONになります。

プログラム例では，4桁のディジタルスイッチの値（"BCDコード出力"で7715）と，データレジスタD0の値（471）を掛算し，その結果を8桁の表示器（"BCDコード入力"）に出力します。この場合，D0のデータもBCD形式でなければならない。なお，プログラムの"K4X0"は，入力X0〜XFまでの16ビット（4ビット×4）から，ディジタルスイッチの設定数値が入力されることを表しています。同様に"K8Y40"は，Y40〜Y5Fまでの32ビット（4ビット×8）へ出力されることを示しています。なお，M9036はシーケンサへ電源が供給されると常時ON状態になっている信号であり，これも特殊メモリの1つです。したがって，このプログラム例では，BCD乗算命令は毎スキャンごとにくり返し実行されます。

(4) BCDデータの除算

図11.12は，4桁のBCDデータの除算命令とそのプログラム例です。命令記号「B/」は，S1に格

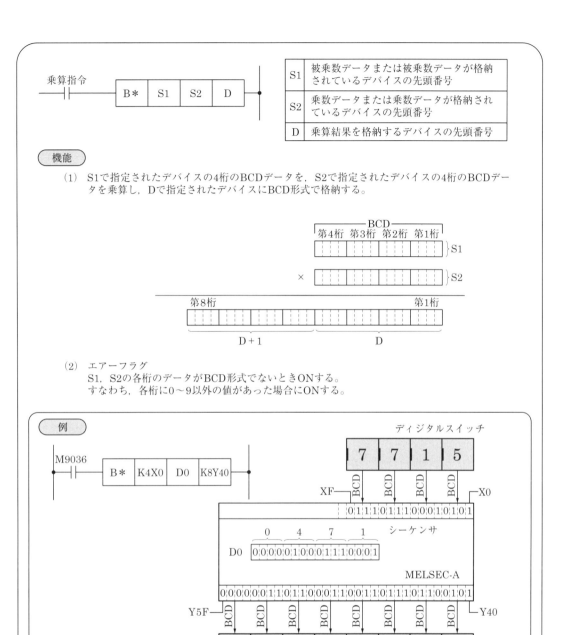

図11.11 4桁のBCD乗算

納されている4桁（BCD形式）の数値をS2に格納されている4桁（BCD形式）の数値で割算し，その結果を"商"と"余り"に分けて，Dで指定されたデバイスへ格納します。ただし，Dがビットデバイスの場合は，"商"だけが格納されます。S1に格納できる値は0～9999ですが，S2に格納できるのは1～9999です。もし，S2に0を格納した場合は，エラーフラグがONになります。S1とS2に格納したデータがBCD形式でない場合も，エラーフラグがONになります。

11.3 算術演算 157

S1	被除数データまたは被除数データが格納されているデバイスの先頭番号
S2	除数データまたは除数データが格納されているデバイスの先頭番号
D	除算結果を格納するデバイスの先頭番号

機能

(1) S1で指定されたデバイスの4桁のBCDデータをS2で指定されたデバイスの4桁のBCDデータで乗算し，その結果をDで指定されたデバイスへ格納する。
Dが32ビットのワードデバイスでは，商が下位の16ビットに格納され，余りが上位の16ビットに格納される。
Dがビットデバイスの場合には，商のみが格納され，余りは格納されない。

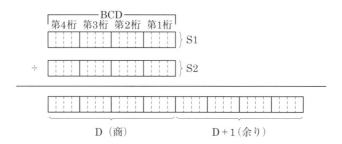

(2) エアーフラグ
S1，S2の各桁のデータがBCD形式でない（0～9以外の値）のときONする。
除数S2の値が0のときONする。

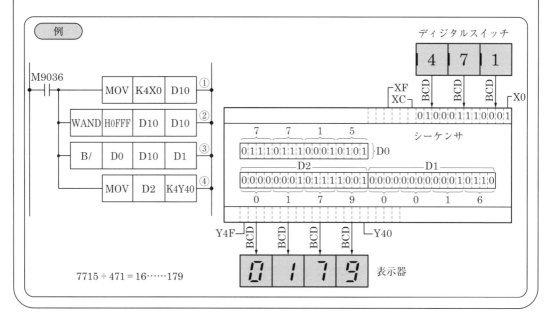

$7715 \div 471 = 16 \cdots\cdots 179$

図11.12 4桁のBCD除算

プログラム例は，データレジスタD0に格納されている4桁のBCDデータ値（実行例では"7715"）を，ディジタルスイッチから入力される4桁のBCDデータ値（実行例では"471"）で割算し，その結果の"余り"を出力Y40～Y4Fへ出力させようとするものです。したがって，プログラムの回路①では，入力X0～XFまでの16ビットを使って，4桁のBCDデータをD10へ取り込むようになっています。しかし，実際に接続されているディジタルスイッチは3桁分であり，XC～XFの4ビットにはディジタルスイッチは接続されていません（ここでは，別のスイッチなどが接続されていると考える）。このため，回路①を実行すると，D10の上位4ビット（b12～b15）にはディジタルスイッチ以外からの信号が取り込まれます。この4ビットの内容は余計なものであり，計算処理をする前にD10のb12～b15を0にしておく必要があります。②の回路では，D10の内容と16進数の"0FFF"で論理積（AND）演算し，その結果を再びD10へ格納します。したがって，②の回路を実行したあとでは，D10の内容はb12～b15までが0で，b0～b11には，ディジタルスイッチから入力した3桁のBCDデータがそのまま残ります。例のように，ディジタルスイッチから"471"を入力した場合，D10の内容は②の実行後には，BCD形式で"0471"になっています。③の回路では，（D0の値：7715）÷（D10の値：0471）の計算が行われ，計算結果の商（16）がD1へ，余り（179）がD2へ格納されます。④の回路では，D2の内容がY40～Y4Fへ出力され，表示器に"余り（0179）"が表示されます。

11.3.2　BINデータの四則演算

MELSEC-Aの2進数（BIN）演算命令は，BCD演算と同じく16ビットと32ビットの四則演算命令がありますが，ここでは16ビットのBIN演算について説明します。

（1）　BINデータの加算と減算

図11.13に**2進16ビット加算**の命令とプログラム例（計算例）を示しました。この加算命令で注意しなければならないのは，加算結果が32767を超えた場合は負の値になり，このままでは正しい結果が得られなくなります。オーバーフローが発生して最上位ビットのb15が"1"になるおそれがある場合には，32ビットの加算命令を使ってください。計算例では，D1に格納されている10進数の10に，D0に格納されている10進数の11を加算します。加算命令を実行する前と実行したあとのD0およびD1の状態変化をみると，当然のことながら2進加算そのものです。加算結果の符号は，b15が0ですから"＋"になります。

図11.14は，**2進16ビット減算**の命令とそのプログラム例です。この減算命令でも，減算結果が－32768より小さくなる場合は正の値になり，このままでは正しい結果が得られません。アンダフローが発生するおそれがある場合には，32ビットの減算命令を使ってください。計算例は，D1に格納されている10進数の10からD0に格納されている10進数の11を減算します。減算実行後のD1の状態に気をつけてください。b0～b15まですべて1になっていますが，これが10進数の－1であることがわかりますか？　最上位ビットのb15が"1"ですから，符号が"－"になることはすぐにわかります。b15が"1"になった場合には，図11.2で説明した方法で再補数化して"真数"に直せば，10進数の－1であることがわかります。

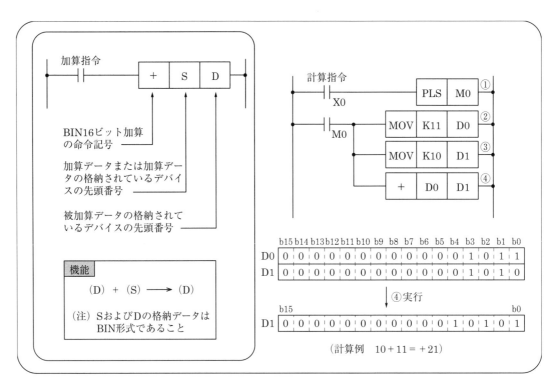

図 11.13

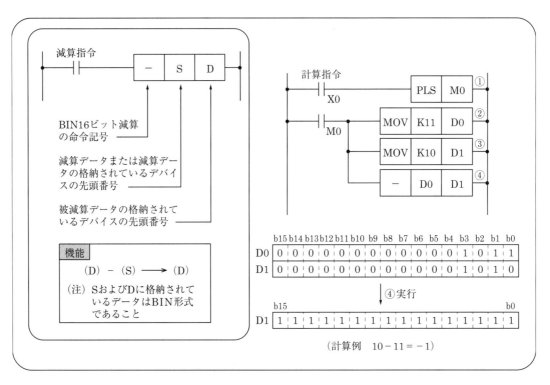

図 11.14

(2) BINデータの乗算と除算

図11.15に16ビットの2進乗算命令を説明しました。乗算結果はb0～b31までの32ビットに格納されますが，正負の判定がb31で行われることに注意してください。たとえば，乗算の結果が－1になった場合には，b0～b31まですべて1（16進数でFFFF）になります。

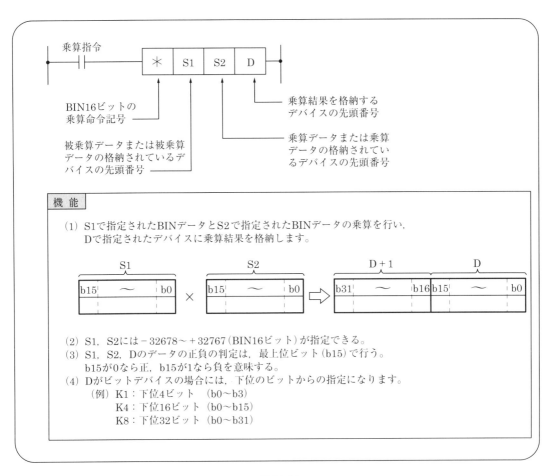

図11.15

図11.16は，16ビットの除算命令の説明です。除算結果は商と余りに分かれて格納され，商が下位の16ビットへ，余りが上位の16ビットに格納されます。なお，除数が0の場合には演算不能（値が無限大になる）になって，"演算エラーフラグ（特殊メモリのM9010）"がONになります。

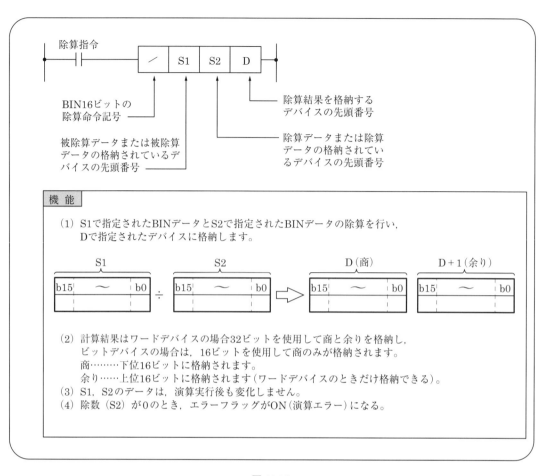

図 11.16

11.4 小数を含む計算例

　ここで，小数を含むときの計算処理を考えてみましょう。図11.17に一例を示しました。この例では，ディジタルスイッチから入力する2桁の整数を3.14で割算し，商と余りを表示器に表示します。考え方は，除数の3.14が小数を含んでいるため，この値を100倍して整数にします。その代わり，ディジタルスイッチから入力される2桁の被除数も100倍します。分母と分子がともに100倍されているので，そのままの値で割算したときの結果と同じになります。〈プログラム〉の回路①と②で使用している「B*」と「B/」は，それぞれ**BCD 4桁の乗算命令**と**BCD 4桁の除算命令**です。

　プログラムの回路①では，ディジタルスイッチからの入力値を100倍して，その結果の下位4桁がD0へ，上位4桁がD1へ格納されます。回路の②では，3.14を100倍した314でD0の値を割算し，その結果の商をD2へ，余りをD3へ格納します。ここで，D0の値だけを被除数の対象にしていることに注意してください。D1の値も被除数の対象にしなければならないはずです。しかし〈実行例〉をみれば，D0の値だけを被除数の対象にすればよいことがわかります。2桁のディジタルス

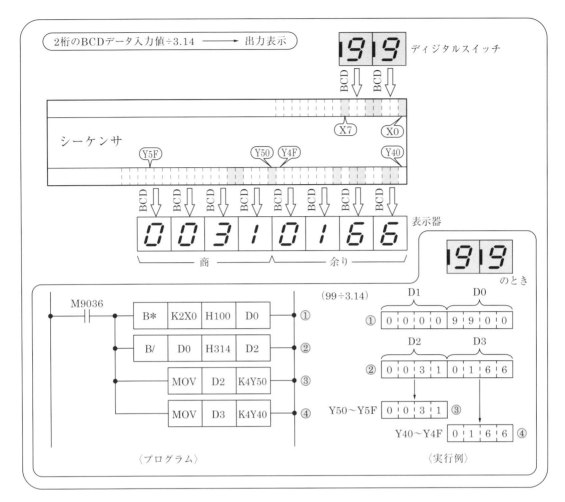

図 11.17 小数値のある計算例

イッチで設定できる，最大の数値"99"を100倍しても，上位4桁が格納されるD1の内容は必ず0になるからです．もし，被除数を3桁や4桁のディジタルスイッチから入力する場合には，上位4桁が格納されるD1と下位の4桁が格納されるD0の両方を，被除数の対象にして計算処理する必要があります．回路の③と④では，"商"をY50～Y5Fへ，"余り"をY40～Y4Fへ出力して，表示器へ表示します．なお，Y40～Y4Fへ出力した"0166"は，余りが1.66であることを意味します．

なお，演算指令信号として使用しているM9036は，シーケンサを"RUN"状態（動作状態）にすると常時ONになっている特殊メモリです．したがって，このプログラム例ではスキャンのたびに，①～④の回路がくり返し実行されます．

11.4 小数を含む計算例

11.5 第11章のトライアル

(1) 10進数の+1を，符号つき16ビットの2進数と4桁の16進数で表してください。

(2) 10進数の-1を，符号つき16ビットの2進数と4桁の16進数で表してください。

(3) 図11.18のプログラムで，③の回路の（ ）部に次のデータ値を設定したとき，実行後の計算結果およびD2とD3の状態を2進数，16進数で表してください。

(a) K2（10進数の+2）を設定したとき

(b) HFFFE（16進数のFFFE）を設定したとき

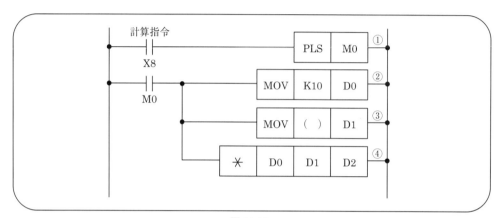

図11.18

第12章 プログラム演習(2) 十字交差点の信号機制御

本章のプログラム演習は,「十字交差点の信号機制御」です。ここでは最初に,熟知していると思われる信号機点灯のタイミングチャートを描いてもらい,プログラミング前の"仕様書の作成"がいかに重要であるかを再認識して,その仕様書に基づくプログラムを完成させます。

12.1 制御対象の把握から

　安全な装置や設備を製作するとき,それらに関係する広い知識が要求されます。製作経験のある装置やそれに類似した装置を手掛ける場合には,これまでの経験と知識や収集済みの資料などを有効利用すれば,製作前の特別な準備作業は不必要になるでしょう。ところが,これまでにまったく経験のない装置やシステムの製作を依頼された場合は,事情が違ってきます。

　少し古い話になりますが,ある会社が競馬場の馬券システムの製作を受注した際,関係する社員全員が実際に馬券を購入して,現行のしくみやしきたりを勉強したという話を聞いたことがあります。初めて競馬場のコンピュータシステムを手掛ける会社では,関係する法律の勉強までることになったでしょう。この会社は,万全な準備作業によって製作・納入されたシステムが評価され,このシステムは別の競馬場にまで広く導入されたそうです。

　このように,制御対象のシステムや装置が非常に特殊で専門的な知識が要求される場合には,時間のかかる調査や詳細な検討などで「仕様書作成」の前準備が必要です。これに対して,身近にある道路の信号機の点灯制御を依頼された場合はどうでしょう。

12.2 信号機点灯制御の仕様書

　それでは,図12.1を見てください。どこにでもある十字路の交差点です。A通りにはセンターラインがあり,道幅はB通りより広くなっています。交差点の歩行者用信号機(青色が,赤色に変わる前に点滅する)はありません。

　歩いていても自動車を運転していても目にする,ごく一般的な交差点の信号機ですから,改めて仕様についての説明は省略します。しかしながら,このような単純なテーマであっても,プログラムの担当者が自身の"頭に描く仕様"によって作業を進めるのは避けるべきです。他人が一見でき

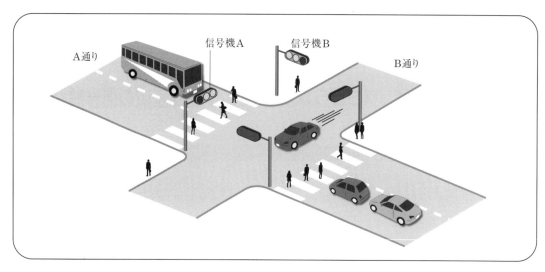

図 12.1

ない"まったくの仕様書なし"で，プログラムの作成作業を進めることは，並行してトラブルをもつくっていることになりかねません。

そこで非常に簡素な仕様書をつくることにし，本来は仕様書の一部として扱う"信号点灯のタイミングチャート"をつくり，これを「プログラム仕様書」とすることにします。

それでは，信号機の動作タイムチャートをつくってみます。B通りに比べて交通量の多い（道路幅も広い）A通り用の信号機"A"の動作順序（タイミングチャート）を，図12.2(a)のように描いてみました。

点灯中の"A青"（信号機"A"の青色：以下同じ意味で"A赤"，"A黄"，"B青"，"B赤"，"B黄"）は，

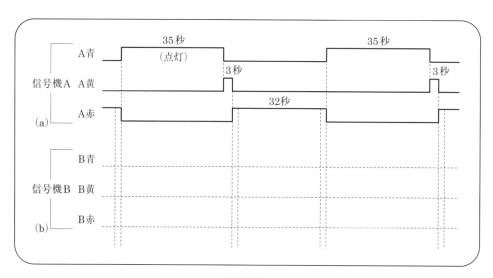

図 12.2

時間が経過すれば消灯して"A黄"が点灯，"A黄"も決められた時間が経過すれば消灯して"A赤"が点灯，"A赤"も時間が経過すれば消灯して再び"A青"の点灯に移行します。信号機"A"はこの動作のくり返しです。

信号機"A"のこのような動作については疑問の余地はないでしょう。

そこで，信号機"A"がこのような順序で動作しているとき，反対側のB通り用信号機"B"の動作がどのようになるか，それをタイムチャートで描いてください。信号機"B"のタイムチャートは，信号機"A"のタイムチャートとの関係から，"B黄"の点灯時間が指定されれば描けるはずです。ここでは，"A黄"と"B黄"の点灯時間はともに3秒とします。信号機"B"のタイムチャートを描こうとするとき，"A青"と"A赤"の点灯時間を明確に定めておく必要はありませんが，ここではそれぞれ35秒と32秒で描いてあります。それでは図12.2の(b)へ，書入れ済みの点線に関係なく自由に描いてください。

信号機"B"が点灯するタイミングチャートが描けましたか？

図12.3の(b)と(c)は，誰かが描いたと推測した一例です。

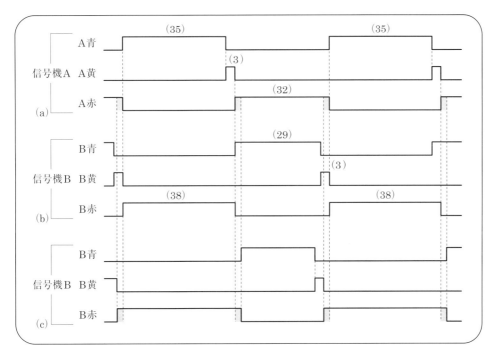

図12.3

図(b)の例は，"A青"が点灯すれば"A赤"を消灯し，同時に"B赤"を点灯させます。信号機"A"側では，「青消灯↓・黄点灯↑」→→「黄消灯↓・赤点灯↑」と変化します。"A赤"が点灯すれば，信号機"B"側では「青点灯↑・赤消灯↓」します。一方，黄色の点灯時間が3秒と決められていますから，"B青"が消灯するタイミングは"B赤"が点灯する3秒前になり，信号機"B"側も「青消灯↓・黄点灯↑」→→「黄消灯↓・赤点灯↑」と変化します。参考までに"B青"と"B赤"の点灯時間を記

入しましたが，それぞれ29秒と38秒になります。

ここで，改めて信号機"A"の動作（図12.3(a)）と"B"の動作（図(b)）について検証しますが，それぞれの信号機における「青→黄→赤→青‥‥」の移行動作ついては問題ないでしょう。

信号機"A"と信号機"B"間の"連係動作"についてはどうでしょうか。"A青"が点灯すればただちに"B赤"が点灯し，"B青"が点灯すればただちに"A赤"が点灯します。また，信号機"A"が青色のときには，信号機"B"の青や黄が点灯することはありません。信号機"B"が青色のときには，信号機"A"の青や黄が点灯することもありません。いくら眺めてみても，特に気になる点や矛盾する部分はないはずです。

ところが，このようなタイミングで動作している信号機は実在しないかも知れません。筆者はこのような信号機のある交差点を通ったことがないからです。

信号機が図12.3の(a)と(b)のタイミングチャートの組み合わせで動作する場合，「信号が赤から青に切り替わる前に"見切り発進"したり，黄色点灯にもかかわらず交差点に"無理して進入"する」などの行為を絶対にしないときには，問題の起こらない信号機になるかも知れません。残念ながら，現実はこのような違反行為は日常的に見かけます。したがって，信号機"B"のタイミングチャートに(b)を採用した場合，安全性が懸念される問題のある信号機となってしまいます。

(c)の例は，実在する信号機のタイミングチャートで，(a)と(b)の組み合わせにおける，"(b)の欠点"が補われています。特徴は，それぞれの信号機において赤→青に切り替わるとき，(b)の場合に比べて赤の点灯時間を少し長く（赤の消灯タイミングを遅らせる）していることです。これによって赤→青に切り替わる直前で，"A赤"と"B赤"が共に点灯する時間帯（図中の ▨ 部）が生じます。この時間帯を設けることによって，多少の"見切り発進"や"無理な進入"があったとしても，交差点から自動車や人を排除・排出させることができます。これによって，A通りとB通りの両方向からの進入による衝突を防止しようとするものです。

今回は，図12.3の(a)と(c)を組み合わせたタイミングチャートを，プログラム作成の仕様書とします。

12.3 プログラム設計

図12.4は，図12.3の(a)と(c)のタイミングチャートから，肝心な部分を抽出したものです。このタイミングチャートを参考にして，もう一度信号灯の動作を観察してみます。

信号機"A"あるいは"B"の単独動作では，いずれの信号機も青→黄→赤の順に点灯します。単独動作はこれだけのことですが，交差点に設置されている信号機は互いに連係して動作しており，"A赤"と"B赤"の変化が特徴的です。

信号機"A"と"B"の間で，赤色以外の黄や青が重なって点灯することがないのに対し，赤色には"A赤"と"B赤"が共に点灯する時間帯があるからです。"A赤"が消灯から点灯に切り替わる場合（㋑部の時間帯）には，すでに点灯している"B赤"はこれより遅れて消灯します。また，"B赤"が消灯状態から点灯状態に切り替わる場合（㋺部の時間帯）には，すでに点灯している"A赤"が直ちに消

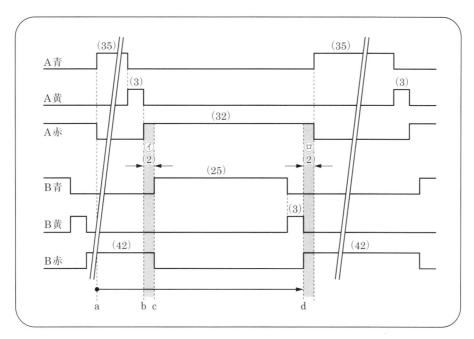

図12.4　タイミングチャート

灯することなく，"B赤"と"A赤"が共に点灯状態になる時間帯があります。この交差点の信号機では，④部と⑨部の時間は共に2秒です。この2秒間の意味はすでに説明したように，A，B両方向からの進入による交差点での衝突事故を防止するためです。

なお，タイミングチャートの（　）の中に記入した数値は，信号灯の点灯時間（秒）で，筆者の近くの交差点の実測値です。青信号の点灯時間を比較してみると，なるほど，通行量の多いA通り（35秒）がB通り（25秒）より10秒長くなっています。反対に赤信号は，道幅の広いA通りがB通りより10秒短くなっています。

以上で，制御仕様としてのタイミングチャートが理解できたと思うので，プログラムの作成を開始します。

プログラムに先だって，シーケンサに入力と出力の割付けをする必要があります。図12.5のように出力部へ信号灯を接続します。

入力部に接続した押しボタンスイッチは，プログラムの起動を指令するものです。シーケンサへの電源投入と同時に，自動的にプログラムの実行を開始させる場合には，この押しボタンスイッチは不要になります。

プログラムの作成手法は設計者によって，また経験度の違いによっていろいろですが，いずれの場合にも，すんなり一度で完成できるものではありません。ここでは段階的にプログラムを構成する回路をつくっていき，これらに追加・修正を加えながら完成度を高めていく方法で進めます。

最初に，信号機"A"の回路を考えてみます。"A青"→"A黄"→"A赤"の順に点灯させればよいので，図12.6の①-1，②-1，③-1の回路ができます。

12.3　プログラム設計　**169**

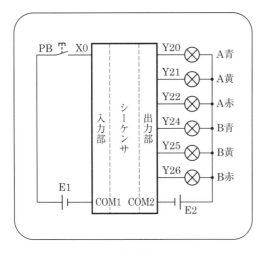
図 12.5

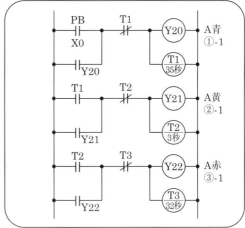
図 12.6

①-1の回路は，PBを押せばY20がONになって"A青"が点灯し，これが自己保持されます。同時にタイマT1の"コイル"もON状態になります。自己保持が解除されるのは，T1がタイムアップしてT1のb接点が解放されるときで，これにより"A青"は35秒間点灯します。

②-1の回路では，T1がタイムアップするのと同時にY21が自己保持されて"A黄"が点灯し，同時にT2のコイルもON状態になります。すなわち，"A青"が消灯するのと入れ代わりに"A黄"が点灯します。"A黄"が点灯して3秒後にT2がタイムアップすると，これが消灯して動作は次のステップへ進みます。

③-1の回路も①-1や②-1の回路と同様の動作です。T2がタイムアップして"A黄"が消えるのと入れ代わりに"A赤"が点灯し，"A赤"はT3がタイムアップする32秒後に消灯します。

信号機"A"が信号機"B"の動作に関係なく，単独に"A青"→"A黄"→"A赤"をくり返すだけなら，①-1の回路にT3がタイムアップしたときの条件を追加（T3のa接点をOR接続）して，図12.7の①-2のように回路を変更すればできあがりです。

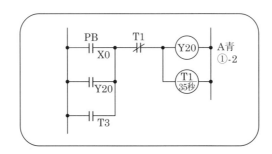
図 12.7

問題は，信号機"A"と"B"の動作をどのようにして連携させればよいかです。ここで，もう一度図12.4のタイミングチャートを見てみましょう。"B青"が点灯するのは，"A赤"が点灯してから2秒後ですから，"A黄"が消灯してから2秒間の遅延回路をつくり，これによって"B青"点灯のきっ

かけをつくるのも一案です。これが図12.8の④-1の回路です。

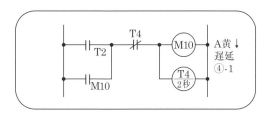

図12.8

同じ考え方で信号機"B"側の回路をつくれば，図12.9の⑤-1，⑥-1，⑦-1のようになります。

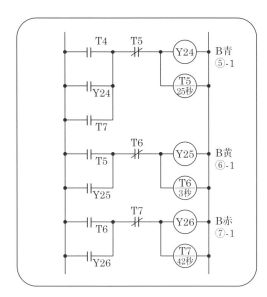

図12.9

これらの回路により，"B青"→"B黄"→"B赤"の動作をくり返します。

ここで，これまでの回路をまとめて全体を見やすくし，プログラムの動作をチェックしてみます。プログラムの全体は，図12.10になっています。

これまでに何度も説明したように，プログラムは先頭の図12.10の①-2の回路から⑦-1の回路まで順番に実行し，最後の「END」命令を実行すると再び①-2に戻って，PCのCPUに実行停止の指令がでるまでくり返しこの動作をします。

シーケンサがこのようにプログラムを実行処理することを承知して，PBを押してみましょう。PBを押すのと同時に"A青"が点灯しますが，このとき同時に点灯していなければならない"B赤"の信号は消えたままです。なぜなら，このときにはまだ図12.10の⑦-1の回路が"有効な作動状態"になっていないからです。⑦-1の回路が作動して，"B赤"が初めて点灯するのは，"A青"が点灯してから68秒後（図12.4のa点からd点まで）です。a点からb点までの38秒間は，"A青"または"A黄"が点灯している時間帯ですから，少なくともこの区間だけは絶対に"B赤"が点灯していなけれ

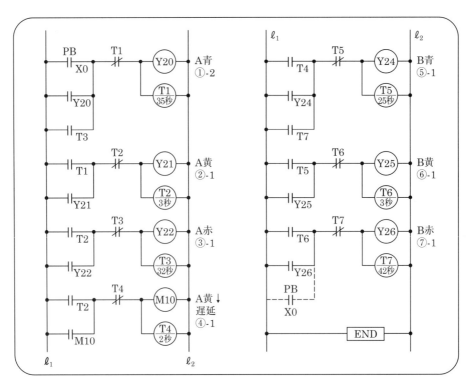

図 12.10

ばなりません。プログラムの実行を開始して1分もすれば正常な動作状態になるにしても，プログラムの実行開始直後に，a点からb点までの38秒間，"B赤"が消えているのは大問題です。この解決策として考えてみたのが，⑦-1の回路の点線部です。PBを押すのと同時（プログラムの最初のスキャン）に"B赤"も点灯するように追加した接点です。しかし，これにも問題があります。

問題とは，PBを押して"A青"と"B赤"を同時に点灯させたとき，信号機"B"の"青"と"赤"が2秒間同時（共）に点灯する不都合です。この不都合は次のようなメカニズムで発生しています。

"A青"が点灯してから"B青"が点灯するまでの時間は，図12.4のa点からc点までの40秒間です。一方，PBによって"A青"と同時に"B赤"を点灯させると，⑦-1の回路でT7がタイムアップするのが42秒後です。その結果，"B青"と"B赤"が2秒間同時に点灯する不都合が発生します。PBを押してから42秒を経過すれば，この現象は二度と起こらなくなりますが，たった一度だけ発生する2秒間といえども，信号機"B"の赤と青がともに点灯するのは大問題です。

この解決策もいろいろ考えられます。たとえば，PBを押したときには，"B赤"が40秒間だけ点灯する回路を特別につくり，⑦-1の回路は一部修正（Y26を補助メモリに置き換えるなど）して，2つを合体（OR回路でY26へ出力）させるやりかたです。これによって一応の解決は図れそうですが，"小細工に近い工夫"でこの問題を解決しても，信号機"A"と"B"の連係が薄いプログラムでは，タイマの時間誤差が蓄積されたり，何かの拍子で信号機"A"と"B"の時間関係に狂いが生じると，めちゃくちゃな動作になるおそれもでてきます。

そこで，別の方法がないか，もう一度，図12.4を見てみます。

信号の点灯をタイマ使って移行させる以外に，一定の"安定した条件"で点灯させられないか考えてみます。特に，安全面から赤信号の点灯時間をタイマによる時間管理で行わず，一定の条件が成立すれば確実に点灯する"条件回路"にできないかどうかです。

図12.4のタイミングチャートを見るまでもなく，交差点の信号機は，相手方の信号機で青または黄が点灯している場合は，自分方の信号機は必ず赤が点灯していなければなりません。これは，交差点の信号機として，最も重要な安全にかかわる"絶対の条件"です。この"条件だけ"を使う場合，図12.4で示した④と⑨の部分，すなわち"A赤"と"B赤"が共に点灯する"重要な2秒間"の部分が欠如します。この欠如する部分をどうするかですが，④の部分は"A黄"が消灯したという条件によって，すでに図12.10の④-1の回路でつくられています。M10は"A黄"が消えるのと同時に，2秒間ON状態になります。⑨の部分も同様に，"B黄"が消灯したという条件でつくれば，図12.11の⑧-1の回路ができます。

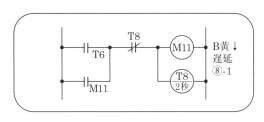

図12.11

この回路では，"B黄"が消える（図12.10の⑥-1の回路でT6がタイムアップ）と，M11が2秒間ON状態になります。これら4つの条件（青点灯，黄点灯，M10がON，M11がON）によって，赤信号が点灯すべき時間帯が完全に網羅されます。すなわち，"A赤"の点灯回路と"B赤"の点灯回路は，それぞれ図12.12の③-2の回路と図12.13の⑦-2の回路になります。

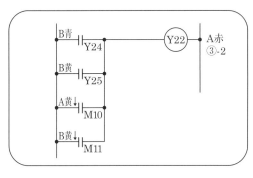

図12.12

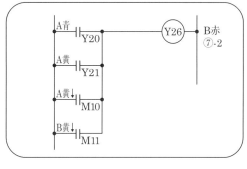

図12.13

なお，"A青"の点灯回路は，"B黄"が消えて2秒後に点灯するように修正（"A"と"B"の連係強化）して図12.14の①-3の回路にします。

また，図12.10の⑤-1の"B青"の回路は，これらの改善によって必然的にT7の回路が不要になり，

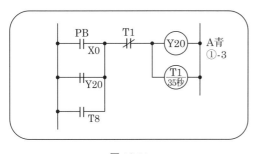
図 12.14

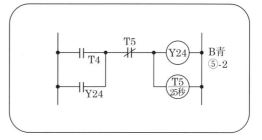
図 12.15

図12.15の⑤-2の回路になります。

以上の追加・修正・変更により，プログラムの実行開始時に，"A青"と"B赤"が直ちに点灯するとともに，信号機"B"の赤と青が同時に2秒間点灯するという不具合も解消し，さらに信号機"A"と"B"の連係動作も強くなって，図12.10で示したプログラムの欠点はすべて除去されました。

図12.16は全体をまとめたものです。順を追って動作の確認をしてください。なお，PBを省略するための回路例を図12.17に示しました。第7章 **プログラム (基礎2)** の〈ミニ解説〉で説明した

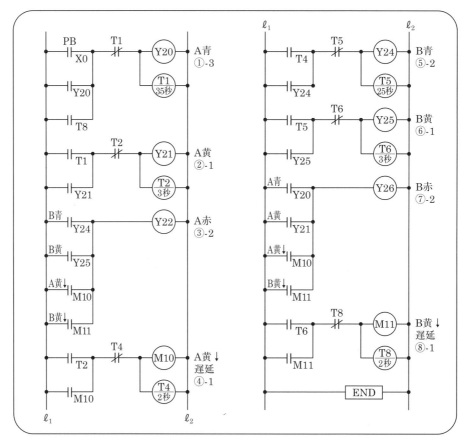
図 12.16

174　第12章　プログラム演習 (2)　十字交差点の信号機制御

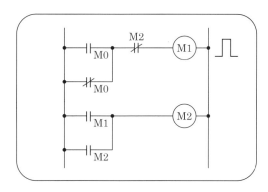

図 12.17

シーケンサのスキャン処理を応用したものですが,少し回路を変えてあります。この回路では,プログラムの実行を開始させたとき,M1がプログラム1スキャン幅のパルス信号を発生します。図12.16の①-3の回路の接点X0をM1に変更すれば,シーケンサをRUN状態にしたとき,ただちに動作を開始して"A青"が点灯し,ほかの信号灯も順次動作していきます。

以上,十字交差点の信号機制御を例に,仕様書作成の重要性とプログラムが完成(注)するまでの過程を中心に説明しました。

一連の作業で最も肝心なことは,どれだけ満足できる仕様書ができるかどうかです。完璧な仕様書さえできれば,この仕事の9割以上が終わったと考えてもいいかも知れません。仕様書の作成段階で,図12.3 (b) の致命的な欠陥に気付かないまま,プログラム作成の作業を進めた場合には,大きな痛手になったに違いありません。

仕様書に基づいてプログラムを作成する段階では,同一の仕様書で10人の設計者がそれぞれ作成すれば,10通りのプログラムができます。これは問題解決の手法や考え方,経験度の差や命令の使い方などが,設計者によって異なるためです。しかし,仕様書どおりの結果が得られるなら,すべて正しいプログラムです。ただ,正しいプログラムにも,良いプログラムと感心できないプログラムがあります。他人が理解しにくい小細工をしたものや,全体に整理されていないプログラムは感心できません。

納期などの制約から,先ず"正しく動作することを優先"させますが,可能な限りプログラムは整理し,設計資料などの書類も整えて残しておくことが大切です。

(注) 実用される信号機では,ここで説明した安全対策だけでなく,故障(青と赤の同時点灯など)発生時の対処などもプログラムされている必要があります。図12.16のプログラムでも,青色信号に対しては黄と赤,黄色信号に対しては青と赤,赤色信号に対しては青と黄のインターロックをとれば,より安全なプログラムになります。

第13章 Advance フリーフローコンベア上の物流管理と仕分け

ベルトコンベアで製品が運搬されて仕分けられるとき，**搬入点で良否判定**された製品がコンベア上を**等間隔**で流される場合には，良否の状態をシフトレジスタに順番に格納していくだけで，搬出点で良品と不良品に仕分けることは簡単です。

しかし，コンベア上を製品が**不規則**に流れる"フリーフロー式"のコンベアでは，搬出点で製品の仕分けを行おうとすれば，搬出点に到達した製品の良否が分かっていなければなりません。そのためには，搬入点で良あるいは不良と判定された**製品とその情報の所在**を，常に監視している必要があります。

ここでは，搬入点で良品あるいは不良品と判定された製品情報が，フリーフローのコンベア上を流れている製品とどのような関係を持ちながら移動しているかを監視し，搬出点に現れた製品が良品であるか不良品であるかを見分ける方法を考えます。

13.1 フリーフローコンベア上の物流管理

この例題のフリーフローコンベアは図13.1で示したように，製品の搬入ステーションには，製品の流入を検出するセンサ（SEN1）と良/不良を判定する不良（NG）検出センサ（SEN3）が設置されています。一方，搬出ステーションには製品の良否を判定するセンサは設置されておらず，製品の到着を検出するセンサ（SEN2）だけが設置されています。搬出ステーションに製品が到着すれば，搬入ステーションでNG判定されている製品だけを，不良品排除用のシリンダ（CYL）でコンベア上から除去します。

コンベアの移動に同期して，製品が"等間隔"で規則正しく搬入されて流される場合，製品の流れの監視や排出の制御は，シフトレジスタを使った簡単な制御プログラムによって行えるでしょう。ところが，図13.1（a）のように，製品がフリーフローのコンベア上を不規則な間隔で流れる場合，搬出ステーションに製品到着を検出するセンサを設置しておいても，シフトレジスタの機能を使うだけでは，到着した製品の良品と不良品を仕分けることはできません。到着した製品の良否情報が，シフトレジスタのどこにあるかがわからないからです。

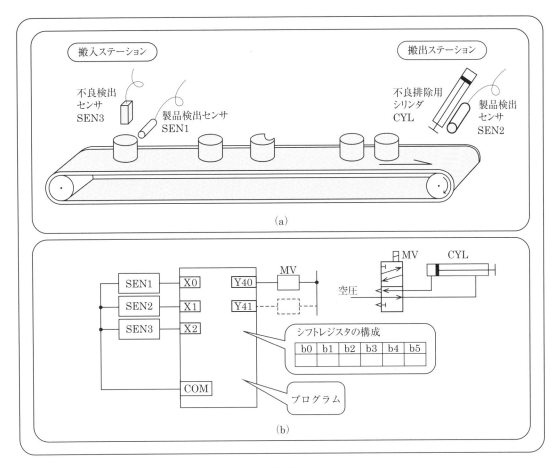

図 13.1

13.2 製品情報の発見と物流監視の方法

コンベアの移動量に同期して，製品がSEN1とSEN2の間に等間隔で搬入される場合には，搬入された製品の良否情報（NGの場合に"ON"）をシフトレジスタの最初のビットにセットして，製品が搬入されるたびにその情報をシフトさせれば，コンベア上の製品の位置と対応させたシフトレジスタのビット情報（NGならON，良品ならOFF）が一致します。したがって，シフトレジスタの最後のビット（図13.1(b)ではb5）の状態（ON/OFF）だけを見てシリンダを動作させれば，コンベア上から不良品を排除できるため，搬出ステーションにおいて製品の仕分けができます。

たとえば，図13.1(b)で示したように，シフトレジスタを6ビット（b0〜b5）で構成した場合，SEN1で製品の通過を確認したタイミングでシフト動作を行えば，最上位のビット（b5）を搬出位置に対応させることができます。また，「搬入ステーションと搬出ステーションの間に必ず決められた個数（たとえば5個）を流入させ，そのすべてを搬出ステーションで処理し終わるまで新たに製品を流入させない」というような"制約"を付ければ，搬出の位置を最上位のビットに対応させることができるので，このビットの内容を監視していれば仕分けることができます。

これに対して，SEN1とSEN2の間を不規則な間隔で製品が流入し，しかもその数も定まらない場合には，シフトレジスタによって製品の流入順序は監視できても，搬出位置に到着した製品とシフトレジスタの最後のビット情報とは対応していません。したがって，シフトレジスタの最後のビットの状態だけを監視していても，搬出ステーションで良品と不良品を正確に仕分けることはできません。搬出ステーションに流れてきた製品の良否情報が，シフトレジスタの最後のビットにあるとは限らないからです。

そこで，搬出ステーションに到達した製品の良否情報が，シフトレジスタのどのビットに存在するのかを発見する方法を考えてみましょう。例として，搬入位置へ1個だけ製品が投入された場合と，2個投入された場合の2つのケースで考えてみましょう。

このようすを図13.2に示しました。

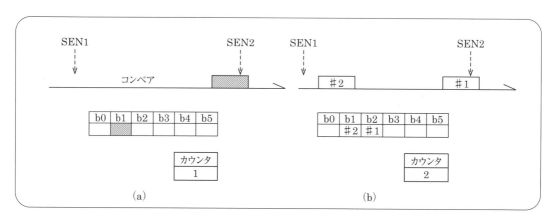

図13.2

これをみると，最初に投入された製品の状態（NG品は"ON"状態で表現）が，シフトレジスタのどのビットに対応してくるかがよくわかります。

図13.2(a)は，1個だけ投入された場合です。SEN1で**製品を検出**したとき，シフトレジスタの先頭ビット($b0$)に"ON"または"OFF"を**セット**（"OFF"は良品を意味）して，製品がSEN1を**通過**したときに**シフト**動作をさせるとすれば，通過した時点では製品の良否情報の所在は，2番目のビット($b1$)に対応しています。製品はやがて搬出位置まで流れてきてSEN2で検出されますが，シフトレジスタの状況はSEN1の前を通過したときと変わっていません。すなわち，シフトレジスタの$b5$ビットまでは，$b1$の状態がシフトされてきていません。したがって，SEN2で製品到着を検出したタイミングで，ビット$b5$の状態をみて搬出動作をしても，該当する製品ではありませんから，正しい仕分けはできません。

(b)は，製品が2個投入された場合です。SEN1の前を2個の製品が通過した状態では，シフト動作が二度行われており，1個目(#1)と2個目(#2)の製品情報は，それぞれシフトレジスタの$b2$と$b1$にあります。この状態で1個目の製品が搬出ステーションへ流れてきて，SEN2によって検出されたとき，シフトレジスタには1個目の製品情報が$b2$，2個目の製品情報が$b1$に存在します。

搬出ステーションでの処理（ON状態のものだけ排除）は，最初に投入されたものから順番に行え

ばよいのですが，SEN2へ流れてきた1個目の製品(#1)の情報がシフトレジスタのb2に存在することを，どのようにして発見するかが問題になります。

図13.2で示したように，シフトレジスタとカウンタを組み合わせる方法が答えの1つです。SEN1とSEN2の間に流入してくる製品の数を，シフトレジスタのシフト動作と同時にカウントすれば，カウント値(計数値)によって，SEN2で検出された製品がシフトレジスタのどこにあるかを知ることができます。図13.2の(a)では，カウンタの計数値が"1"で，搬出位置に到達してSEN2で検出した製品の情報は，シフトレジスタのb1に格納されています。(b)では，カウンタの計数値は"2"で，搬出位置に到達してSEN2が検出した製品(#1)の情報は，シフトレジスタのb2に格納されています。したがって，製品が搬出位置へ到着してSEN2が作動したとき，カウンタの内容を調べてその値が2であれば，シフトレジスタのb2の状態を調べ，それがON状態ならばコンベアからの排除動作を行い，OFF状態であればそのまま通過させます。

このように，搬出ステーションへ到着した製品の状態は，カウンタの計数値を調べることによって，シフトレジスタのどこに格納されているかが分かります。すなわち，カウンタの計数値に対応する特定ビットの状態を調べれば，排除すべき製品(NG品)かどうかが判定できます。したがって，シフトレジスタの内容とカウンタの計数値を併用すれば，間違いなく搬出ステーションにおいて"正しい搬出処理"を行うことができます。

なお，搬出ステーションへ製品が到着あるいは通過したときに，カウンタの値をデクリメント(-1)する必要があります。たとえば図13.2の(b)において，1番目(#1)の製品がSEN2で検出され，この製品が搬出処理(NG排出または良品通過)された場合を考えてみれば明らかです。新しく次の製品(#3)が搬入ステーションへ到着するより先に，#2の製品がSEN2へ到着して検出された場合を想定してみましょう。この状況は図13.2の(a)と同じで，SEN1とSEN2の間にある製品の数は1つであり，#2の良否情報はシフトレジスタのビットb1に格納されています。したがって，#2がSEN2で検出されたときには，カウンタの値は"1"になっていなければなりません。このため，排出ステーションへ製品が到着し，その製品が排出処理される過程で，カウンタの値を-1する必要があります。

この例題では，フリーフローのコンベア上を流れる製品とその情報管理は，シフトレジスタの"シフト機能"と，製品の流入と流出に対応させたカウンタの"計数増減"によって行います。

13.3 仕 様

図13.1(a)で示したように，フリーフローのコンベアにおいて，搬入ステーションには，製品搬入の検出を行うセンサSEN1と製品の良否を検査するセンサSEN3が設置され，搬出ステーションには，製品到着を検出するセンサSEN2とNG製品を排除させるシリンダCYLが設置されています。また(b)では，PCとセンサおよびシリンダの接続状況を説明しています。

このコンベアラインにおいては，SEN1とSEN2の間に流入させることができる製品の最大数は，SEN1とSEN2間の距離と製品サイズによって物理的に決まります。したがって，流入させること

ができる製品数が決まれば，シフトレジスタを構成するビットの数も決まります。ここでは，SEN1とSEN2の間に流入させられる製品の数は，最大で5個とします。

13.4 プログラムの設計

プログラムは，製品が搬入ステーションに到着したところから，搬出ステーションの処理までを順番に考えていきます。

最初に，製品が搬入ステーションに到着して良否判定を行い，その結果をシフトレジスタに格納するまでのプログラムをつくってみましょう。

製品が到着すればSEN1がONするので，この信号を使って，"製品通過中"を示す信号が欲しい。製品がSEN1の前を通過中に製品の良否検査を行いたいからです。"製品通過中"の信号は，SEN1からの入力信号X0をそのまま使用してもよいが，ここでは製品の到着と通過し終わったときにそれぞれパルス信号を発生させ，これらのパルス信号から作成することにします。回路は図13.3のようになります。

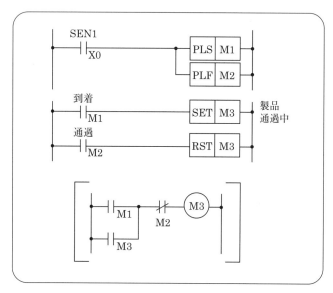

図 13.3

M1パルスは製品到着と同時に発生し，M2パルスは通過し終わったときに発生します。M3が"製品通過中"の信号です。ここでは，「SET」命令と「RST」命令を使いましたが，[ ]内に示したおなじみの"自己保持回路"にしても同じです。

次に，シフトレジスタを構成する回路と製品の良/否判定の回路をつくります。シフトレジスタは，搬入ステーションへ流入する製品がSEN1で検出され，その製品がSEN3の不良検出センサでNG判定されれば，先頭ビットをON状態にセットします。シフト動作は，SEN1の前を製品が通過し終えたときに行うとすれば，シフトレジスタの構成は，図13.1(b)で示したような，6ビット構成になります。先頭ビットをM10とすれば，図13.4のようになります。

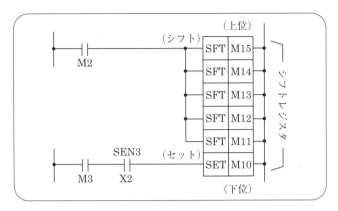

図 13.4

M10，M11，M12，M13，M14，M15がそれぞれ，図13.1 (b) で示したレジスタのビットb0，b1，b2，b3，b4，b5に対応します。M10が最下位ビットで，M15が最上位ビットになり，シフト動作は下位から上位に向かって行われます。

図13.4の回路では，到着した製品がNGであればSEN3 (X2) がONになり，この状態がシフトレジスタの先頭ビットM10にセットされます。良品でX2がOFF状態であれば，M10はOFFにセットされます。シフト動作はパルスM2で行われます。このため，NG品がSEN1の前を通過し終えたときには，M10にセットされたON状態は次のビットのM11へ移動しています。もちろん，良品がSEN1を通過した場合には，OFF状態が先頭のビットのM10からM11へ移動します。

次は，カウンタ回路です。カウンタへの計数入力信号は，シフトパルスと同じM2にすればよい。一方，カウンタの設定値は，SEN1とSEN2の間に5個の製品が流入するまではカウントアップしない値，したがって，5より大きな値ならいくらであってもよいわけですが，5に設定するのが最適です。5を設定しておけば，流入数が最大の5個に達してカウントアップしたとき，5個以上の製品が流入するのを阻止するための"ゲート"信号として利用できます。カウンタ回路は図13.5になります。

図 13.5

なおカウンタC0は，初期状態で計数値を0にクリアしておく必要があります。

次に，搬出ステーションでの処理プログラムをつくります。カウンタの計数値は，SEN2で"検出された"あるいは"最初に検出されるであろう"製品の良/否情報が，シフトレジスタのどのビットに格納されているかを示しています。たとえば，製品が搬出ステーションへ到着してSEN2がONになったとき，カウンタC0の計数値が"3"の場合には，この製品の良/否情報（ON状態ならNG品）はシフトレジスタのM13に格納されています。したがって，SEN2が検出したこの製品を"搬出処理"する回路は，図13.6のようになります。

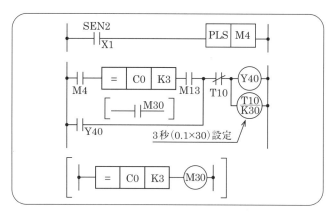

図 13.6

これらの回路では，製品が到着したときにパルス信号M4を発生させてY40のセットタイミングとしましたが，SEN2の入力信号X1をそのまま利用してもよい。ただし，X1を直接利用した場合でも，Y40の自己保持は必要です。出力Y40が自己保持されていなければ，NG品の排除が開始されてSEN2がOFFになったとき，3秒タイマT10がタイムアップしないうちにCYLが後退します。その結果，NG品の"確実な排除"ができなくなります。なお，接点M4と接点M13間に挿入した"命令"は**比較命令**であり，"＝"はC0の計数値が3（K3と記述）のときに"比較条件"が成立し，この命令部分が導通状態になって，接点M4と接点M13が直結状態になります。したがって，［　］内に示したように同じ比較命令を使い，比較条件が一致すれば内部メモリ（例ではM30）がONになる回路をつくり，M30のa接点を接点M4と接点M13間に挿入する"2段構えの回路"にしても同じです。

カウンタC0の計数値が1，2，4，5の場合について，Y40を作動させる同様な回路をつくれば搬出ステーションでの主な処理回路は完成します。

最後に，製品を搬出した後のカウンタの処理が残っています。カウンタのデクリメント処理です。回路例を図13.7に示します。

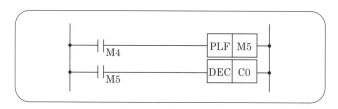

図 13.7

C0のデクリメントをどのタイミングで行うかですが，ここではM4の立下りでM5パルスを発生させ，これでC0の計数値を−1させることにしました。M5パルスは，SEN2がONからOFFになったときに発生させるのもよいでしょう。

これまで，プログラムの考え方とそれに基づいた回路を部分的につくってきました。図13.8で示したプログラムは，これまでに作成した回路へ未作成の部分を追加して，これらを整理しながらまとめたものです。

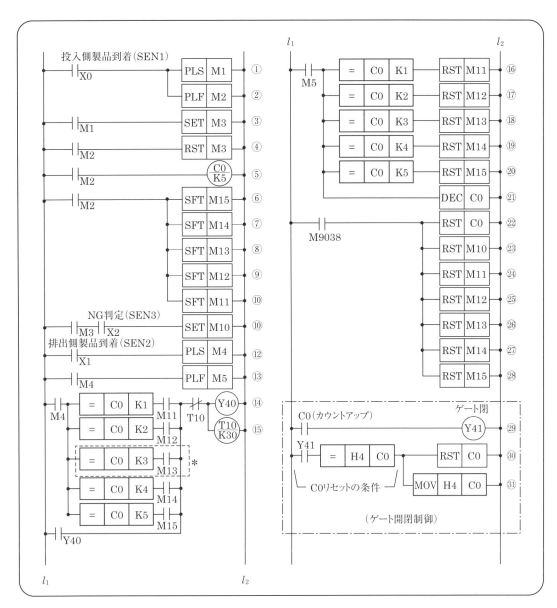

図 13.8

図13.8の①〜⑬までは，これまでに作成した回路です。

⑭，⑮のシリンダCYLを動作させる出力Y40の回路は，すでに作成しているカウンタC0の計数値が"3"の場合の回路へ，C0の計数値が1，2，4，5のときに対処する条件回路を追加したものです。

SEN2がONになってM4パルスが発生したとき，C0が1であればその製品の情報（NG品であればON状態）はシフトレジスタのビットM11に格納されています。同様に，搬出ステーションへ到着してSEN2が検出した製品の情報は，C0が2であればM12，3であればM13，4であればM14，5であればM15に格納されています。

13.4 プログラムの設計

製品がSEN2で検出されてM4がONになったとき，C0の計数値に対応したシフトレジスタのビット（C0の値が1ならばM11）の状態がONであれば，出力Y40がON状態になって自己保持され，T10がタイムアップするまでの3秒間で，NG品はCYLによってコンベア上から排除されます。C0の計数値に対応するシフトレジスタのビット状態がOFFのときには，出力Y40がON状態になることはなく，製品は良品としてそのままSEN2を通過して，搬出ステーションから流出します。

　⑯〜⑳は，搬出ステーションから製品を搬出処理（排除または流出）する過程で，シフトレジスタの対応ビットをクリアするためのリセット回路です。

　㉑は，搬出ステーションにある製品が排除または流出して，次に排出ステーションに到着する製品を受け入れて処理するための，準備回路の1つです。カウンタC0の計数値を−1するためのデクリメント回路で，すでに作成済みの回路です。

　㉒〜㉘は，カウンタとシフトレジスタを初期化（クリア）する回路です。この回路では，シーケンサのCPUがRUN状態になって，プログラムが実行を開始したとき，最初の1スキャン時間だけONになる，"特殊メモリ"のM9038を利用しました。このような特殊なメモリが準備されていないシーケンサの場合には，第7章の〈ミニ解説〉で説明したプログラムのスキャン処理を応用して，図13.9のような回路でつくることができます。

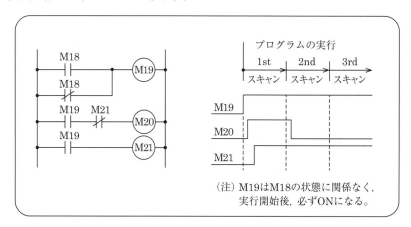

図 13.9

　この回路では，プログラムが実行を開始したとき，最初の1スキャン時間だけ，パルス的にM20がON状態になります。

　㉙〜㉛は，製品搬入ステーションのゲート開閉制御の回路例です。コンベア上のSEN1とSEN2の間に製品が5個流入（満杯）すれば，カウンタC0がカウントアップします。これにより，流入ゲートを閉じるために㉙の出力Y41がONになって，製品の流入が阻止されます。流入した製品5個のうち，先頭の1個が搬出ステーションを通過して，C0の計数値が5から4に減じられると，㉚の回路の"C0リセットの条件"が満たされてC0がリセットされます。その結果，㉙の回路の出力Y41がOFFになり，ゲートが開かれて搬入ステーションへの製品流入が可能になります。㉛の回路は，ゲートを開けるために㉚の回路でC0をリセットした結果，計数値が0にクリアされてしまったので，計数値を元の4に設定し直すものです。なお，㉚の「比較命令」と㉛の「MOV」命令で使った"H4"

の表記は，16進数の4を意味します。

13.5 物流追跡の検証

図13.10は，搬入ステーションから流入した製品が搬出ステーションで処理されるまでのようすを説明したものです。コンベア上の製品位置，シフトレジスタおよびカウンタの変化を順に追って検証してみます。

①は，最初の1個目がSEN1を通過したときの状態で，C0＝1でM11はOFFになっています。これは，コンベア上の製品が良品であることを示しています。②は，2個目の製品がNG品であることを示し（M11がON）ています。また，C0＝2はコンベア上に製品が2個あって，1個目の製品の情報がM12（良品でOFF）に格納されていることを示しています。③は，3個目の製品が良品であったことを示し（M11がOFF），2個目の製品の情報（NG）はシフトされてM12がONになっています。また，1個目の製品の情報（良品でOFF）もM13にシフトされて，カウンタ値はC0＝3になっています。同様に，④は，4個目が良品（M11がOFF）で，カウンタ値はC0＝4になっています。⑤は，5個目がNG品（M11がON）であったことを示しています。

⑤の状態では，1個目の製品の情報がM15に格納され，C0＝5になっています。また，2個目の情報がM14，3個目の情報がM13，4個目の情報がM12，5個目の情報がM11に格納されています。

⑥〜⑩は，SEN2へ製品が到着したときの搬出処理（NG品は排除し良品はそのまま流出させる）です。⑥において，最初に搬入された1個目の製品がSEN2で検出された直後の"最初の段階"では，図13.8の回路⑭において，C0＝5のときに接点M15との「AND」が演算されます。その結果はM15がOFFですからY40がONになることはなく，1個目の製品（良品）はそのままSEN2を通過して，搬出ステーションから流出します。これらの処理が終わったときには，C0は−1されてC0＝4になっています。⑦においても同様で，初期段階で図13.8の回路⑭において，C0＝4のときに接点M14との「AND」が演算されます。その結果はM14がON状態ですからY40がONとなり，SEN2で検出されている製品（NG判定されている2個目の製品）が排除されます。これらの処理後は，C0＝3になっています。同様に⑧は3個目，⑨は4個目，⑩は最後の5個目の搬出処理が終わったときの状態です。

図13.10では，SEN1とSEN2の間に「5個流入して5個が流出するまで」の単純なケースで説明しましたが，これは変化のようすを追跡しやすくするためです。SEN1とSEN2の間にある製品数が5に達するまでは，製品数を増（搬入）減（搬出）しながら，連続して製品の搬入と搬出の処理ができます。製品数が5に達すれば，搬入ステーションでゲートが閉じられますが，すでに搬入されている製品の1つが搬出されて個数が4になれば，ゲートが開いて製品の流入ができるようになります。図13.8のプログラムでは，カウンタの情報によって搬入ステーションのゲートが制御されるため，製品の流入と流出の処理が滞りなく行われます。

なお，図13.1(a)においては，製品形状などの実状に合わせて，SEN1とSEN3の間およびSEN2とCYLの間で，取り付け位置の微妙な調整が必要になるでしょう。

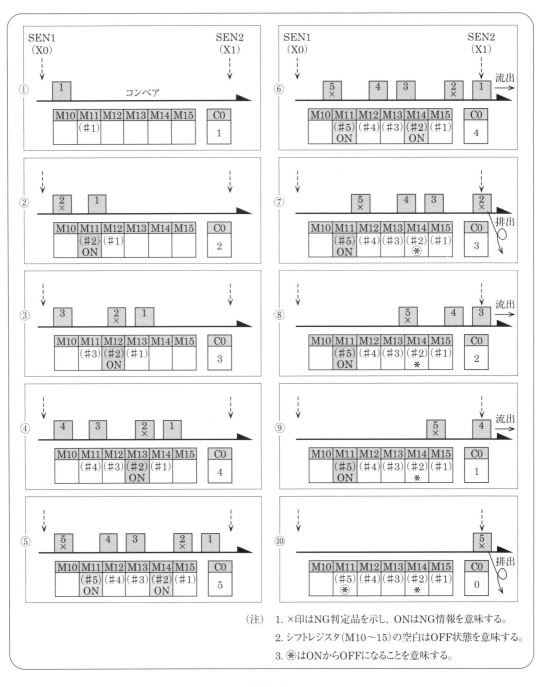

図 13.10

　以上で，このテーマを終了したいところですが，筆者は図13.8を作成した後で，⑯～⑳の回路が"無用"ではないかと思うようになりました。その根拠は次のようなものです。
「根拠その１」
　カウンタのC0の値は，搬出ステーションで検出した製品を搬出処理する過程で，㉑の回路によっ

てその値は－1され，搬出ステーションに流れてくる製品の**次の所在**を示す値に更新されています。このため，次に搬出ステーションへ流れてくる製品の搬出処理が行われるときに，搬出処理済みの情報が再び必要とされることはありません。図13.10において，⑦～⑩の＊印で示したところに注目してみると，2個目の製品を排出処理した⑦以降で，M14の情報が必要になることはありません。たとえば，M13を処理した場合（処理前はC0＝3で，図13.8⑭の点線で囲んだ＊部のM13が対応）には，C0はすぐに－1されて計数値が2（M12と対応）になりますから，カウンタの値はM13と対応しなくなり，再度M13に対して処理が行われることはありません。したがって搬出処理が終わった製品情報は，OFF状態にクリアされていようがON状態のままになっていようが，どちらでもよいことになります。

「根拠その2」

さらに，もう一度図13.8のプログラムで，搬出ステーションに到着した製品の検出から搬出までの処理を行う，⑫～⑮の回路に注目してみます。⑫の回路のM4は，搬出ステーションで製品を検出して，SEN2（入力X1）がON状態になったときに発生する，**プログラム1スキャン時間のパルス信号**です。⑭のY40の回路は，このパルス信号M4がONの間に実行処理されます。M4パルスが次にONになるのは，**新たに搬出ステーションに製品が到着したとき**ですから，すでに到着済みの製品に対しては，カウンタC0のすべての比較回路部とM4の接点間で，再び「AND」条件が成立することはありません。この結果，Y40の回路において，搬出処理済みのビット（たとえばM13）の状態は，ONでもOFFでも関係がなくなります。

結局，「根拠その1」あるいは「根拠その2」によって，排出処理済みのビットをわざわざリセットなどする必要がないということになります。

ところが"あること"に気付きました。すでに，みなさんが気付いていれば感激です。"advance"章ですので，その理由の説明を続けることにします。

図13.8の⑯から⑳の回路は，搬出ステーションに到着（SEN2が検出）した製品がNG（シフトレジスタの対応するビットがON状態）であったとき，"後処理"としてON状態になっていたシフトレジスタの対応ビットをリセット（OFFにする）する目的でつくった回路です。このため，NG品として排除した対応ビットの情報は，必ずOFF状態になります。これに対して⑯から⑳の回路がない場合（後処理なし）には，ON状態であればそのままON状態を維持します。

新たに搬入ステーションへ製品が到着して，この製品がSEN1で検出されれば（正確には通過してM2パルスが発生したとき），シフトレジスタの各ビットに格納されている情報は，いっせいに上位ビットへシフトされます。このため，⑯から⑳の回路で"**後処理した**"場合には，シフトされた上位ビットの状態は**必ずOFF状態になり**，"**後処理なし**"の場合にはONあるいはOFF状態で**元のままです**。

ここで，第7章の7.2.3項で説明したシフトレジスタの特性を思い出せれば，答えは簡単です。シフトレジスタは，最下位ビットのON状態が最上位のビットまでシフトされてきたとき，続いてシフト信号を与えられても，最上位より1つ下位のビット状態がOFFであっても，最上位ビットの状態は変化しないで，**ON状態のまま残ります**（図7.18のタイムチャート参照）。したがって，図

13.8のプログラム例で，最上位ビットのM15へON状態（不良）がシフトされてきた場合，対応する製品の排除処理を行った後でOFF状態にリセットしなかった場合（後処理なし）には，搬入ステーションで新しく製品が検出されてシフトパルスM2が発生しても，ON状態がそのまま残ります。したがって，その後の処理において，カウンタC0の値が5のときは常に不良品と判断されることになり，良品が排除されてしまいます。これを防ぐには，搬出ステーションで検出された製品が搬出処理される過程で，シフトレジスタの対応ビットをOFF状態にリセットしておく必要があります。この"後処理"によって，最上位のビットがON状態のまま残ることはなく，OFF状態になって，シフトレジスタは正常に作動できる状態になります。

「結論」

　結局，図13.8のプログラムで，シフトレジスタを正常に動作させるために，⑯〜⑳のリセット回路は絶対に必要であるという結論に達します。

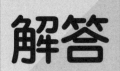

トライアル解答

第1章の解答

(1) 解答例を示しましたが，語句が違っていても内容や意味が同じであれば結構です．たとえば，ソフトウェアとプログラムは正しくは区別すべきことですが，②と③のソフトウェアは，プログラムと同じ意味で使っていることが多い（本書でも）．

① シーケンサ
② ソフトウェア（プログラム）
③ ソフトウェア（プログラム）
④ 配線などのハードウェア
⑤ 電気回路：ハードウェア
⑥ リレー
⑦ 配線などのハードウェア
⑧ 制御
⑨ MPU，CPU，マイクロプロセッサ
⑩ 入力
⑪ センサ，押しボタンスイッチなど
⑫ 出力
⑬ リレー

(2) ①a, ②b, ③⑥, ④a, ⑤b, ⑥a, ⑦③, ⑧b, ⑨①, ⑩ ─○─ , ⑪ ─⏋─ , ⑫ ─┤├─ , ⑬ ─┤╳├─

第2章の解答

(1) ①シーケンサメーカ，②プログラム，③EEPROM，④一時記憶（補助）メモリ，⑤X，⑥Y，⑦M，⑧特殊，⑨論理，⑩リレーラダー図，⑪ ─○─ , ⑫ ─┤├─ , ⑬ ─┤╳├─ , ⑭プログラミングツール，⑮シーケンサメーカ

解答例を示しましたが，語句が違っていても内容や意味が同じであれば結構です．たとえば，⑭

はプログラマと呼ぶこともあります。

(2)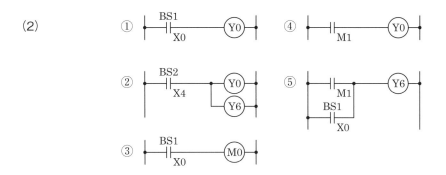

第3章の解答

(1) ①CPU部（制御部），②入力部，③出力部，④入力部，⑤入力機器，⑥接点，⑦リミットスイッチ，⑧出力部，⑨出力機器，⑩リレー，⑪電磁接触器

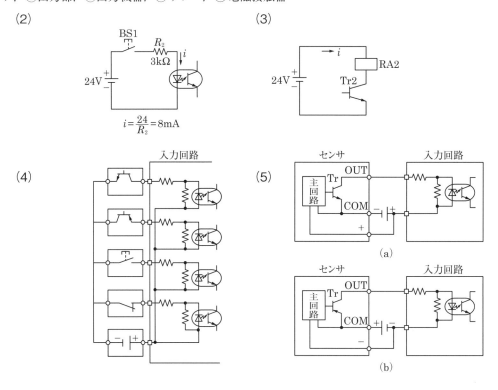

第4章の解答

(1) ①トランジスタ，②リレー（接点），③トライアック，④電磁接触器，電磁開閉器

(2)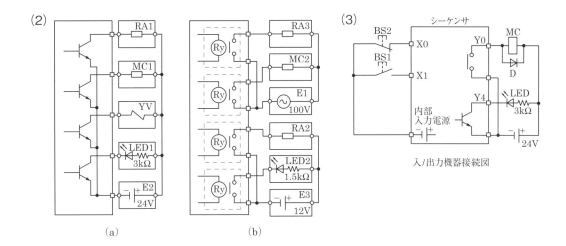

(a)　　　　　　　　(b)

第5章の解答

(1) ①入力点数，②出力点数，③入出力点数，④I/O点数，⑤入出力(機器)の割付け，⑥逆転指令，⑦(相互)インターロック，⑧接点保護素子：スパークキラー，⑨(操作)コイル，⑩保護素子：サージキラー，⑪OFF，⑫漏れ電流

第6章の解答

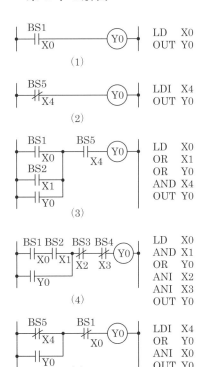

(1)〜(5)の問題は，シーケンサへの入力が"a接点入力"と"b接点入力"の違いによって，押しボタンを操作したときに"シーケンサの入力信号の状態"がどうなるかを理解すれば，簡単につくれるプログラム回路です。

(1)は，BS1を押すと入力信号X0がON(a接点が閉)になるので，出力Y0がONになります。

(2)は，BS5はb接点が入力ですから，BS5を押せばBS5のb接点が開き，入力X4がOFFになります。これは，X4のb接点が閉じることを意味しますから，出力Y0がONになります。

(3)は，X0またはX1がONになると，Y0がONになって自己保持されます。X4がOFFになる(b接点入力のBS5を押す…入力X4のa接点が開になる)と自己保持が解除され，Y0がOFFになります。

(4)は，X0とX1の「AND」条件を成立させる(BS1とBS2をともに押す)と，Y0がONになって自己保持されます。自己保持が解除されるのは，入力X2のb接点またはX3のb接

点が開になったときで，これはBS3またはBS4を押したときです。

(5)は，BS5を押せば入力X4のb接点が閉じ，出力Y0がONとなって自己保持されます。反対に，BS1を押せば入力X0のb接点が開いて，自己保持が解除されます。

第7章の解答

(1)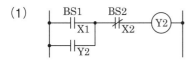

(4)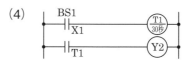

(2)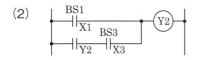

(5)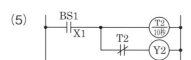

(3)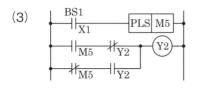

第8章の解答

(1)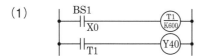

(2)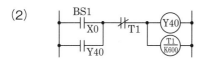

(3)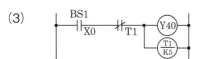

(4)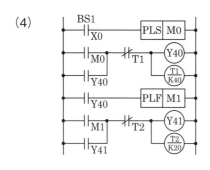

(5)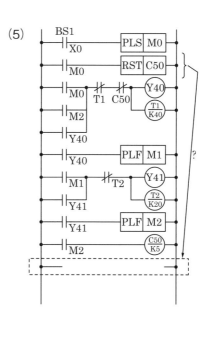

(1)では，入力X0がON状態の間，タイマT1のコイルはON状態です。したがって，T1は1分（0.1秒×600＝1分）後にタイムアップし，出力Y40がON状態になります。X0がOFFになるとT1は直ちに初期状態に戻り，Y40もOFFになります。

(2)では，X0がONになるとY40がONになって自己保持され，これによってT1のコイルもON状態に保持されます。1分後にT1がタイムアップすると，T1のb接点が開いてY40の自己保持が解除され，同時にT1も初期状態にもどります。

(3)では，X0をON状態にするとY40とT1のコイルがON状態になります。X0をON状態に保っていると，5秒後にT1がタイムアップしてそのb接点が開きます。この結果，Y40とT1のコイルがOFF（初期状態）に戻ります。T1のコイルがOFFになるとそのb接点が閉じ，再びY40とT1のコイルがONになります。Y40とT1のコイルがON－OFFをくり返すこの状態は，X0をON状態に保っている間続きます。T1のb接点が開となる時間は，プログラムの1スキャンタイムで，通常数十ms以下です。したがって，外見からは表示ランプSLは連続点灯しているようにみえますが，Y40は一瞬OFFになっていることに注意してください。

(4)では，X0がONになると，その立ち上がりでパルス信号M0が発生します。これにより，Y40がONになって自己保持され，同時にT1のコイルもON状態に保たれます。4秒後にT1がタイムアップするとY40がリセットされ，同時にT1も初期状態（OFF）に戻ります。一方，Y40がONからOFFにリセットされたとき，「PLF」命令によってパルス信号M1が発生します。これにより，Y41がONになって自己保持され，同時にT2のコイルもON状態になって保たれます。Y41の自己保持は，2秒後にT2がタイムアップしたときに解除されます。

以上の一連の動作により，BS1を押した瞬間にY40がONになり，4秒後にY40がOFFになるのと同時にY41がONになります。Y41は2秒間でOFFに戻り，すべてのプログラム（回路）が初期状態に戻ります。

(5)この問題は(4)の回路に少し手を加えるだけです。1つは，カウンタを使って指定したサイクル数（5回）になるまで，サイクル動作が終了するたびにY40が再度ONにセットされるようにすることです。プログラム例では，Y41がONからOFFになる瞬間に「PLF」命令によって，パルス信号M2が発生します。このM2によって，実行したサイクル数をカウンタC50で数えると同時に，Y40を再度セットさせます。C50は，カウント数が5になればカウントアップし，C50のb接点が開きます。C50のb接点が開になれば，Y40の回路はリセット優先機能が働き，再びY40がON状態になることはありません。もう1つは，C50のリセットです。この例では，最初にBS1を押したときに発生するパルス信号M0により，「RST」命令を実行させてC50をリセットしています。これ自体は何も問題はないのですが，問題はこの回路は必ず「Y40の回路の前に入れなければならないこと」です。C50のリセット回路をY40の回路よりあと，たとえば点線で示したところへ移動させた場合，どのようなことが起こるでしょうか？．

C50がタイムアップしたあとでBS1を押しても（1回目），サイクル動作が開始されないことが理解できれば"満点"です。サイクル動作が開始できない理由は，プログラムのスキャン（実行の順序）の関係から，C50のタイムアップ後にBS1を押しても，Y40の回路を実行する段階では，まだC50

がリセットされておらず（C50のb接点が開いている），パルスM0がONになってもY40がONにセットされないからです。しかし，もう一度BS1を押せば（2回目），サイクル動作が開始されます。2回目にBS1を押したときには，1回目でC50がリセットされているからです。以上の説明が理解しにくいときは，第7章の〈ミニ解説〉【プログラムのスキャン処理】をもう一度読んでみてください。

第9章の解答

（1）Y40とY41はともにM5がONになったときにON状態にセットされますが，相互インターロックがとられているため，一方がONにセットされると片方は絶対にONになりません。図9.10(a)では，プログラムのスキャン（実行の順序）の関係から，M5がONになれば必ずY40（前進指令）の回路が先に実行されてONになります。したがって，M5がONになったときY41（後退指令）を先にONにするには，Y40の回路より先にY41の回路が実行されるようにすればよいので，ラダー図でY41の回路をY40の回路の前に描けばよいことになります。

（2）LSがON（定位置）状態のとき，BS1を押せばM1がONになって自己保持され，出力Y1がONになってモータが回転を始める。すなわち，カム軸がタイミングチャートで示したように回転を開始し，LSがONからOFFになるとM2がONになります。M2のONは，定位置をはずれたことを意味します。M2がONになって再びLSがONになれば，M3がON状態になりますが，これはカム軸が1回転したことを意味します。したがって，M3によってM1およびM2をリセットすれば，モータはカム軸が1回転したとき停止します。LSがOFF状態でカム軸が停止している場合は，BS2を押せばY1がONになり，モータが回転してLSがON（定位置）になったときに停止します（点線で囲った回路）。

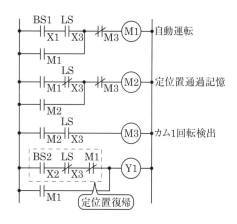
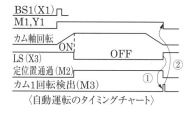

〈自動運転のタイミングチャート〉

第10章の解答

（1）出題の目的は，プログラムの内容を読み取る練習をすることです。他人のつくったプログラ

ムを読み取ることは容易なことではありませんが、実務では非常に大切なことです。結果を先に話しますと、エレベータは1Fから2Fへ向かって、通常どおりにサイクル動作を開始しますが、2Fで停止しないで上昇を続け、上限のLS1を検出して停止する"事故"になります。理由は、図10.9のプログラムのT1回路において、X4が常時ONのためにT1がタイムアップしたままになります。このためM42の回路において、エレベータが上昇を開始して1Fを離れ、X5がOFFになったとき、M42がONにセットされます。

一方、BS3が押されるとM40がONになってエレベータは上昇を開始(M20がON)しますが、2Fに達してM40がリセットされても、M42がON状態にセットされているので、M20は引き続きON状態になります。この結果、エレベータは2Fを通過して上昇を続け、LS1を検出してモータ電源が切れたときに初めて停止します。

(2) この出題の目的は、センサの異常を検出して、制御の安全と信頼性を考えることです。

センサPHS1〜PHS3、および入力回路のX4〜X6が正常であるなら、PHS1(X4)、PHS2(X5)、PHS3(X6)のうちの2つが同時にON状態になることはありません。たとえば、エレベータが1Fにいる場合は、X5はON状態になりますがX4やX6がON状態になることはありません。したがって、入力が"常時ON"となる故障は、下図の(a)の回路で検出できます。この回路では、上記の故障が発生すればM55がONになります。故障発生時にSLを点滅させるとすれば、その回路は下図(b)になり、SLの点滅によって、センサまたは入力X4〜X6が故障したことを知ることができます。

なお、このエレベータ模型の制御プログラムでは省略しましたが、実用されるプログラムでは、M55がONになっている場合には、BS3やBS4を押してもサイクル動作の起動と手動操作ができないようにするとともに、運転中にM55がONになれば直ちに非常停止させる必要があります。このような対策を施しておけば、問題(1)のような事故を防止することができます。

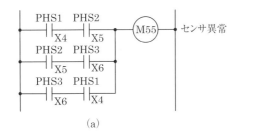
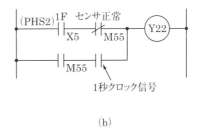

第11章の解答

(1) 符号つき16ビットの2進数:0000000000000001
    4桁の16進数:H0001 または 0001H
(2) 符号つき16ビットの2進数:1111111111111111
    4桁の16進数:HFFFF または FFFFH

(3)

(a) 計算結果：＋20

D2の状態

 2進数：0000000000010100

 16進数：H0014 または 0014H

D3の状態

 2進数：0000000000000000

 16進数：H0000 または 0000H

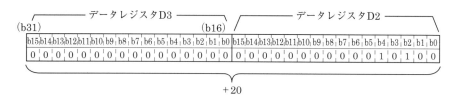

(b) 計算結果：－20

D2の状態

 2進数：1111111111101100

 16進数：HFFEC または FFECH

D3の状態

 2進数：1111111111111111

 16進数：HFFFF または FFFFH

索引

英数字

a接点 ………………………………………… 10
ANB命令 ……………………………………… 77
AND（論理積）……………………………… 24
AND回路 ……………………………………… 81
AND条件 ……………………………………… 81
AND接続回路 ………………………………… 81
AND命令 ……………………………………… 77
ANI命令 ……………………………………… 77
b接点 ………………………………………… 10
BCD 4桁の乗算命令 ……………………… 162
BCD 4桁の除算命令 ……………………… 162
BCDコード ………………………………… 148
BCDデータ
　　——の加算 ……………………………… 154
　　——の減算 ……………………………… 155
　　——の四則演算 ……………………… 154
　　——の乗算 ……………………………… 156
　　——の除算 ……………………………… 156
BCD表現 …………………………………… 148
BCD命令 …………………………………… 150
BINデータ
　　——の加算 ……………………………… 159
　　——の減算 ……………………………… 159
　　——の四則演算 ……………………… 159
　　——の乗算 ……………………………… 161
　　——の除算 ……………………………… 161
BIN命令 …………………………………… 150
DC入力回路 ………………………………… 61
D種接地 ……………………………… 60, 72
EEPROM ……………………………………… 17
I/O ……………………………………………… 6
LD命令 ……………………………………… 76
LDI命令 ……………………………………… 76
LED …………………………………… 32, 62
NOT回路 …………………………… 81, 82
npnオープンコレクタ出力 ……………… 49
OR（論理和）………………………………… 24
OR回路 ……………………………………… 81
OR接続回路 ………………………………… 82
OR命令 ……………………………………… 79
ORB命令 …………………………………… 79
ORI命令 …………………………………… 79
OUT命令 …………………………………… 79
PLF命令 …………………………………… 101
PLS命令 …………………………………… 101
RAM ………………………………………… 14
ROM ………………………………………… 13
RST命令 …………………………………… 102
SET命令 …………………………………… 102
SFC …………………………………………… 14
SSR …………………………………………… 47
TTL-IC ……………………………………… 50
2進表現 …………………………………… 147
2の補数 …………………………………… 149
2進16ビット加算 ………………………… 159
2進16ビット減算 ………………………… 159
8進表現 …………………………………… 147
16進表現 …………………………………… 148

あ行

一般仕様 ……………………………………… 11

エアーシリンダ ………………………… 128
演算命令
　　算術—— ………………………………… 147
　　四則—— ………………………………… 147
　　比較—— ……………………… 147, 150, 152

応用命令 …………………………………… 15
オールタネイト回路 ……………………… 86
オフディレイタイマ ……………………… 92
オンディレイタイマ ……………………… 92

か行

外部入力電源 ……………………………… 39
回路設計 …………………………………… 75
カウンタ ………………………………… 16, 97
加算
　　BCDデータの—— …………………… 154
　　BINデータの—— …………………… 159
過電圧保護ダイオード …………………… 53

キープメモリ ……………………………… 17
基本回路 …………………………………… 74
基本部仕様 ……………………… 11, 13, 14

基本命令……………………………………… 15

空気圧回路……………………………………… 128

減算
    BCDデータの ――……………………… 155
    BINデータの ――………………………… 159
原点復帰………………………………………… 141

コイル…………………………………………… 66
コイルシンボル………………………………… 22
コモンモードノイズ…………………………… 60

さ行

最下位（ビット）……………………………… 104
サイクリック演算方式………………………… 14
最上位（ビット）……………………………… 104
最大印加電圧…………………………………… 66
最大負荷電流…………………………………… 66
算術演算………………………………………… 154
算術演算命令…………………………………… 147
三相誘導電動機………………………………… 129

シーケンサ……………………………………… 1
    ――の命令 ……………………………… 74
    ―― 本体 ………………………………… 3
シーケンス制御………………………………… 1
シーケンス命令………………………………… 15, 76
自己保持………………………………………… 7
自己保持回路…………………………………… 85
システムプログラム…………………………… 3
システムメモリ………………………………… 16
四則演算
    BCDデータの ――……………………… 154
    BINデータの ――………………………… 159
    ――命令 …………………………………… 147
シフト命令……………………………………… 103
シフトレジスタ………………………………… 103
重要な回路……………………………………… 74
出力機器………………………………………… 3, 6, 46
出力点数………………………………………… 33
出力部…………………………………………… 3
手動復帰………………………………………… 141
乗算
    BCD 4桁の ―― 命令……………………… 162
    BCDデータの ――……………………… 156
    BINデータの ――………………………… 161
小容量負荷……………………………………… 55
除算
    BCD 4桁の ―― 命令……………………… 162
    BCDデータの ――……………………… 156
    BINデータの ――………………………… 161
処理速度………………………………………… 15

シリンダ………………………………………… 128
シンク接続……………………………………… 54
シンクロード・タイプ………………………… 40

スイッチ………………………………………… 5
スキャン………………………………………… 85, 107
    ―― タイム ……………………………… 15, 85, 108
ストアード・プログラム方式………………… 14
スナバー回路…………………………………… 51

制御部…………………………………………… 3
制御プログラム………………………………… 8
正論理…………………………………………… 83
積算タイマ……………………………………… 91
接触式センサ…………………………………… 6
接点シンボル…………………………………… 22
セット命令……………………………………… 102
セット優先回路………………………………… 85
ゼロクロス方式………………………………… 50
センサ…………………………………………… 5
    接触式 ――………………………………… 6
    二線式 ――………………………………… 41
    非接触式 ――……………………………… 6
ソース接続……………………………………… 54
ソースロード・タイプ………………………… 40
ソフトウェア制御……………………………… 7
ソフトウェア設計……………………………… 75
ソレノイド……………………………………… 50

た行

タイマ…………………………………………… 16, 89
    オフディレイ ――………………………… 92
    オンディレイ ――………………………… 92
    積算 ――…………………………………… 91
    長時間 ――………………………………… 99
    通常 ――…………………………………… 91
タイムアップ…………………………………… 91
単相誘導電動機………………………………… 122, 135

長時間タイマ…………………………………… 99

通常タイマ……………………………………… 91
ツェナーダイオード…………………………… 53

定格負荷電圧…………………………………… 66
抵抗性負荷……………………………………… 66
データ形式変換命令…………………………… 147, 150
データ転送命令………………………………… 147, 150, 153
データメモリ…………………………………… 17
電圧出力形……………………………………… 40
電源……………………………………………… 39
    外部入力 ――……………………………… 39
電磁接触器……………………………………… 47

電磁弁 ……………………………………… 128
　　──ソレノイド ………………………… 47
電流出力形 …………………………………… 40

動力用の接地線 ……………………………… 72
特殊メモリ …………………………………… 17
トライアック ………………………………… 49
　　──出力 ………………………………… 49
トランジスタ出力 …………………………… 49

な行

内部補助メモリ ……………………………… 17

ニーモニック言語 …………………………… 74
二線式センサ ………………………………… 41
入出力点数 …………………………………… 16
入出力の割付け ……………………………… 59
入出力部仕様 ………………………………… 11
入出力メモリ …………………………… 17, 18
入出力割付表 ………………………………… 59
入力機器 …………………………………… 3, 5
入力点数 ……………………………………… 33
入力部 ………………………………………… 3

ノイズ ………………………………………… 60
　　コモンモード── …………………… 60
　　ノーマルモード── …………………… 60
　　──防止用のアース …………………… 72
ノーマルモードノイズ ……………………… 60

は行

発光ダイオード(LED) ……………………… 32
パルス発生回路 ……………………………… 109

比較演算命令 …………………… 147, 150, 152
非常停止 ……………………………………… 141
非接触式センサ ……………………………… 6
微分出力命令 ………………………………… 101

符号つき2進数 ……………………………… 149
フリーフローコンベア ……………………… 176
ブレーク接点 ………………………………… 10
プログラム言語 ……………………………… 74
プログラムメモリ …………………………… 17
負論理 ………………………………………… 83

補助メモリ …………………………………… 18
ホトカプラ …………………………………… 32
　　──絶縁タイプ ………………………… 37
ホトトランジスタ …………………………… 32

ま行

無接点リレー ………………………………… 6

メーク接点 …………………………………… 10
メモリ ………………………………………… 16
　　キープ── ……………………………… 17
　　システム── …………………………… 16
　　データ── ……………………………… 17
　　特殊── ………………………………… 17
　　内部補助── …………………………… 17
　　入/出力── …………………………… 17
　　入出力── ……………………………… 18
　　プログラム── ………………………… 17
　　補助── ………………………………… 18
　　ラッチ── ……………………………… 17

漏れ電流 ……………………………………… 51

や行

有接点 ………………………………………… 49
誘導性負荷 ……………………………… 50, 66

容量性負荷 …………………………………… 66

ら行

ラダー図 ……………………………………… 8
ラッチメモリ ………………………………… 17

リセット命令 ………………………………… 102
リセット優先回路 …………………………… 85
リバーシブルモータ ………………………… 135
リレー回路 …………………………………… 23
リレーシーケンス制御 ……………………… 1
リレーシンボル ……………………………… 21
リレー接点 …………………………………… 49
　　──出力 ………………………………… 49
リレーラダー図 …………………………… 8, 24
　　──言語 ………………………………… 74
　　──方式 ………………………………… 24

論理演算回路 ………………………………… 7
論理回路 ……………………………………… 23
論理積(AND) ………………………………… 24
論理和(OR) ………………………………… 24

わ行

割付け ………………………………………… 57
　　入出力の── …………………………… 59

【著者紹介】

吉本久泰（よしもと・ひさやす）

学　歴	東京電機大学電気工学科卒業（1965）
職　歴	CASテクノロジー研究所
著　書	エンジニアのための 絵ときマイクロコンピュータ（オーム社）
	エンジニアのための 絵ときマイコンソフトウエア（オーム社）
	あなたならわかる 図解マイコンの基礎（東京電機大学出版局）
	メカトロ・シーケンス制御活用マニュアル（オーム社）
	PCシーケンス制御 入門から活用へ（東京電機大学出版局）
	ほか

初めて学ぶ
シーケンス制御

2015年1月20日　第1版1刷発行　　　　ISBN 978-4-501-11680-4　C3054

著　者　吉本久泰
　　　　Ⓒ Yoshimoto Hisayasu　2015

発行所　学校法人 東京電機大学　　〒120-8551　東京都足立区千住旭町5番
　　　　東京電機大学出版局　　　　〒101-0047　東京都千代田区内神田1-14-8
　　　　　　　　　　　　　　　　　Tel. 03-5280-3433（営業）03-5280-3422（編集）
　　　　　　　　　　　　　　　　　Fax.03-5280-3563　振替口座 00160-5-71715
　　　　　　　　　　　　　　　　　http://www.tdupress.jp/

JCOPY　＜(社)出版者著作権管理機構　委託出版物＞
本書の全部または一部を無断で複写複製（コピーおよび電子化を含む）することは，著作権法上での例外を除いて禁じられています．本書からの複写を希望される場合は，そのつど事前に，(社)出版者著作権管理機構の許諾を得てください．また，本書を代行業者等の第三者に依頼してスキャンやデジタル化をすることはたとえ個人や家庭内での利用であっても，いっさい認められておりません．
［連絡先］TEL 03-3513-6969，FAX 03-3513-6979，E-mail:info@jcopy.or.jp

印刷：三立工芸㈱　　製本：渡辺製本㈱　　装丁：齋藤由美子
落丁・乱丁本はお取り替えいたします．　　　　　　　　　　Printed in Japan